面向新工科高等院校大数据专业系列教材

信息技术新工科产学研联盟数据科学与大数据技术工作委员会 推荐教材

Big Data Visualization
Technology and Application

大数据可视化

技术与应用

吕云翔 姚泽良 谢吉力 闫坤 黄泽桓 / 等编著

U0185480

机械工业出版社

CHINA MACHINE PRESS

本书分为三个部分：基础理论、大数据可视化方法、大数据可视化工具及应用。基础理论部分包括第 1、2 章，回顾了可视化发展进程，介绍了可视化领域的一些基础概念及应用，以及可视化的一般流程及设计组件。大数据可视化方法部分包括第 3 到 7 章，主要介绍了不同类型数据的可视化方法，包括：时间数据、比例数据、关系数据、文本数据、复杂数据。大数据可视化工具及应用部分包括第 8 到 14 章，选取了市场上一些主流的可视化工具，围绕它们的使用方法和应用案例展开。这些工具包括商业软件：Excel、FineBI、DataV、Tableau，开源包 ECharts，以及编程语言 Python、R。

本书既可以作为高等院校计算机类、大数据相关专业的教材，也可以作为软件从业人员、计算机爱好者的学习指导用书。

本书配有授课电子课件，需要的教师可登录 www.cmpedu.com 免费注册，审核通过后下载，或联系编辑索取（微信：13146070618，电话：010-88379739）。

图书在版编目（CIP）数据

大数据可视化技术与应用/吕云翔等编著．—北京：机械工业出版社，2022.12（2024.8 重印）

面向新工科高等院校大数据专业系列教材

ISBN 978-7-111-71836-9

Ⅰ．①大…　Ⅱ．①吕…　Ⅲ．①数据处理-高等学校-教材　Ⅳ．①TP274

中国版本图书馆 CIP 数据核字（2022）第 193934 号

机械工业出版社（北京市百万庄大街 22 号　邮政编码 100037）
策划编辑：郝建伟　　　　　责任编辑：郝建伟　胡　静
责任校对：张亚楠　李　婷　责任印制：李　昂
北京中科印刷有限公司印刷

2024 年 8 月第 1 版·第 4 次印刷
184mm×260mm·15.25 印张·384 千字
标准书号：ISBN 978-7-111-71836-9
定价：59.90 元

电话服务　　　　　　　　　网络服务
客服电话：010-88361066　　机　工　官　网：www.cmpbook.com
　　　　　010-88379833　　机　工　官　博：weibo.com/cmp1952
　　　　　010-68326294　　金　书　网：www.golden-book.com
封底无防伪标均为盗版　　　机工教育服务网：www.cmpedu.com

面向新工科高等院校大数据专业系列教材
编委会成员名单

(按姓氏拼音排序)

出版说明

党的二十大报告指出"加快发展数字经济，促进数字经济和实体经济深度融合，打造具有国际竞争力的数字产业集群。"当前，我国数字经济建设加速推进，作为数字经济建设的主力军，大数据专业人才需求迫切，高校大数据专业建设的重要性日益凸显，并呈现出以下四个特点：实用性、交叉性较强，专业设立日趋精细化、融合化；专业建设上高度重视产学合作协同育人，产教融合发展迅猛；信息技术新工科产学研联盟制定的《大数据技术专业建设方案》，使得人才培养体系、专业知识体系及课程体系的建设有章可循，人才培养日益规范化、标准化；大数据人才是具备编程能力、数据分析及算法设计等专业技能的专业化、复合型人才。

作为一个高速发展中的新兴专业，大数据专业的内涵和外延不断丰富和延伸，广大高校亟需能够系统体现大数据专业上述四个特点的教材。基于此，机械工业出版社联合信息技术新工科产学研联盟，汇集国内专家名师，共同成立教材编写委员会，组织出版了这套《面向新工科高等院校大数据专业系列教材》，全面助力高校新工科大数据专业建设和人才培养。

这套教材依照《大数据技术专业建设方案》组织编写，体现了国内大数据相关专业教学的先进理念和思想；覆盖大数据技术专业主干课程的同时，延伸上下游，涵盖云计算、人工智能等专业的核心课程，能够更好地满足高校大数据相关专业多样化的教学需求；引入优质合作企业的技术、产品及平台，体现产学合作、协同育人的理念；教学配套资源丰富，便于高校开展教学实践；系列教材主要参编者皆是身处教学一线、教学实践经验丰富的名师，教材内容贴合教学实际。

我们希望这套教材能够充分满足国内众多高校大数据相关专业的教学需求，为培养优质的大数据专业人才提供强有力的支撑。并希望有更多的志士仁人加入到我们的行列中来，集智汇力，共同推进系列教材建设，在建设数字社会的宏大愿景中，贡献出自己的一份力量！

面向新工科高等院校大数据专业系列教材编委会

前言

数据可视化，是关于数据视觉表现形式的科学技术研究。可视化技术是利用计算机图形学及图像处理技术，将数据转换为图形或图像形式显示到屏幕上，并进行交互处理的理论、方法和技术。它涉及计算机视觉、图像处理、计算机辅助设计、计算机图形学等多个领域，是一项研究数据表示、数据处理、决策分析等问题的综合技术。

在现代社会的几乎每一个领域，都在主动或者被动地应用大数据思维、大数据方法，并借此得以优化管理，促进生产力的发展。然而很多人对大数据可视化的认识还存在一定误区。大数据是大容量、高速度并且数据之间存在很大差异的数据集，但大数据可视化并不意味着所有数据都必须可视化。虽然现在计算机硬件性能在飞速提升，但是这么做还是会带来算力的浪费、成本的提高以及可视化速度的下降。优秀的可视化展示出的都是最有价值、最能影响决策的信息，而一些数据则并不需要可视化方法来表达。另外，并不是质量高的数据才值得做可视化，对于低质量数据，简单的可视化便于快速定位错误。可视化省去了很多麻烦，但是不一定总能依靠可视化做出正确的决定，它并不能替代批评思维，一些糟糕的可视化还可能会因为过于注重视觉效果，而给人传达出误导性信息。

本书着重于大数据可视化的基础知识和常用软件的讲解，对前沿技术会进行简单介绍。此外还可能会涉及一些大数据可视化支持技术的介绍，如 Spark 等。希望本书能够给想了解大数据可视化技术的读者带来帮助。

本书部分图片涉及对不同颜色的描述，黑白印刷不够明显或不易区分，读者可以扫描封底的二维码下载这些图片作为参考。

本书由吕云翔、姚泽良、谢吉力、闫坤、黄泽桓、曾洪立共同编著，并进行了素材整理及配套资源制作等。

在本书的编写过程中，我们尽量做到仔细认真，但由于水平有限，还是可能会出现一些错误与不妥之处，欢迎广大读者批评指正。同时也希望广大读者可以将读书心得体会反馈于我们（yunxianglu@ hotmail. com）。

编 者

目录

第一部分：基础理论

第1章
数据可视化概述

本章将介绍一些与数据可视化有关的概念，然后回顾数据可视化的发展历史，说明数据可视化的作用。最后会简单介绍数据可视化的发展方向。

1.1 什么是数据可视化

数据是指对客观事件进行记录并可以鉴别的符号，主要记载客观事物的性质、状态以及相互关系。它是可识别的、抽象的符号。

数据不仅指狭义上的数字，还可以是具有一定意义的文字、字母、数字符号的组合、图形、图像、视频、音频等，或者客观事物的属性、数量、位置及其相互关系的抽象表示。例如，"0、1.2…""阴、雨、下降、气温""学生的档案记录、货物的运输情况"等都是数据。

在计算机科学中，数据是指所有能输入到计算机并被计算机程序处理的符号的介质的总称，是用于输入电子计算机进行处理，具有一定意义的数字、字母、符号和模拟量等的通称。计算机存储和处理的对象十分广泛，表示这些对象的数据也随之变得越来越复杂。

数据经过加工后就成为信息。两者既有联系，又有区别。数据是信息的表现形式和载体，可以是符号、文字、数字、语音、图像、视频等。而信息是数据的内涵，信息是加载于数据之上对数据做的具有含义的解释。数据和信息是不可分离的，信息依赖数据来表达，数据则生动具体表达出信息。数据是符号，是物理性的；信息是对数据进行加工处理之后所得到的、能够对决策产生影响的数据，是逻辑性和观念性的；数据是信息的表现形式，信息是数据有意义的表示。数据是信息的表达、载体，信息是数据的内涵，它们之间是形与质的关系。数据本身没有意义，数据只有对实体行为产生影响时才成为信息。

数据可视化就是数据中信息的可视化。人类对图形、图像等可视化符号的处理效率要比对数字、文本的处理效率高很多。经过可视化的数据，可以让人更直观、更清晰地了解到数据中蕴含的信息，从而最大化数据的价值。

数据可视化是一门科学。它主要借助图形化的手段，达到有效传达与沟通信息的目的。它与信息图形化、信息可视化、科学可视化和统计图形化等领域密切相关。近些年，数据可视化已经在商业中发挥了巨大的价值，是商务智能重要的一部分，其主要形式包括报表、图表，以及各种用于制作计分卡（Scorecards）和仪表盘（Dashboards）的可视化元素。

数据可视化又是一门艺术。它需要在功能与美学形式之间达到一种平衡。太注重实现复杂的功能会令可视化结果枯燥乏味，太注重美学形式会将信息埋没在绚丽多彩的图形中，让人难以捕捉。

当前，在研究、教学和开发领域，数据可视化都是一个极为活跃而又关键的方向。特别是在大数据时代，面对规模、种类快速增长的数据，可视化已然成为各个领域传递信息不可缺少的手段，是快速理解数据的必然要求。

数据可视化主要从数据中寻找三个方面的信息：模式、关系和异常。

1）模式，指数据中的规律。比如，城市交通流量在不同时刻差异很大，而流量变化的规律就蕴含在海量传感器源源不断地传来的数据中。如果能及时从中发现交通运行模式，就可以为交通的管理和调控提供依据，进而减轻堵塞现象。

2）关系，指数据之间的相关性。统计学中，通常代表关联性和因果关系。无论数据的总量和复杂程度如何，数据间的关系大多可分为三类：数据间的比较、数据的构成，以及数据的分布或联系。比如，收入水平与幸福感之间的关系是否成正比，经统计，对于月收入在1万元以下的人来说，一旦收入增加，幸福感会随之提升，但对于月收入水平在1万元以上的人来说，幸福感并不会随着收入水平的提高而明显提升，这种非线性就是一种关系。

3）异常，指有问题的数据。异常的数据不一定都是错误的数据，有些异常数据可能是设备出错或者人为错误输入，有些可能就是正确的数据。通过异常分析，用户可以及时发现各种异常情况。如图1-1所示，图中大部分点都集中在一个区域，极少数点分散在其他区域，正是这些点可能会影响对数据相关性的判断，通过可视化可以初步将其识别出来。

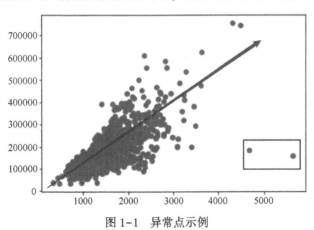

图1-1 异常点示例

1.2 数据可视化的发展历史

数据可视化的起源可追溯到公元2世纪，但是在之后的很长一段时间并没有特别大的发展。数据可视化的主要进展是在最近两个半世纪才出现，尤其是近四十年。

虽然可视化作为一门学科很晚才被广泛认可，但是目前最热门的可视化形式可以追溯到17世纪，那时的地质探索、数学和历史的普及促进了早期的地图、图表和时间线的出现。现代图表的发明者威廉·普莱费尔（William Playfair）在1786年出版的《商业和政治地图集》（*Commercialand Political Atlas*）中发明了广泛流传的折线图和柱状图，在 1801 年出版的《统计摘要》（*Statistical Breviary*）中发明了饼状图，如图 1-2 所示。

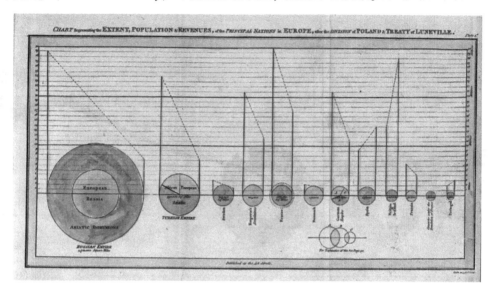

图 1-2　威廉·普莱费尔发明的饼状图

随着工艺技术的完善，到 19 世纪上半叶，人们已经掌握了整套统计数据可视化工具（包括柱状图、饼图、直方图、折线图、时间线、轮廓线等），关于社会、地理、医学和基金的统计数据越来越多。将国家的统计数据与其可视表达放在地图上，从而产生了概念制图的方式，这种方式开始体现在政府规划和运营中。人们在采用统计图表来辅助思考的同时衍生了可视化思考的新方式：图表用于表达数据证明和函数，列线图用于辅助计算，各类可视化显示用于表达数据的趋势和分布。这些方式便于人们进行交流、数据获取和可视化观察。

到 19 世纪下半叶，系统构建可视化方法的条件日渐成熟，人类社会进入了统计图形学的黄金时期。其中，法国人查尔斯·约瑟夫·密纳德（Charles Joseph Minard）是将可视化应用于工程和统计的先驱。他用图形描绘了 1812 年拿破仑的军队在俄国战役中遭受的损失，如图 1-3 所示。开始是在波兰与俄国，粗带状图形代表了每个地点上军队的规模。拿破仑军队在苦寒的冬天从莫斯科撤退的路径则用下方较暗的带状图形表示，图中标注了对应的温度和时间。著名的可视化专家爱德华·塔夫特（Edward Tufte）评论该图说："这是迄今为止最好的统计图。"在这张图中，密纳德用一种艺术的方式，详尽地表达了多个数据的维度（如军队的规模、行军方向、军队汇聚、分散和重聚的时间与地点、军队减员过程、地理位置和温度等）。19 世纪出现了许多伟大的可视化作品，其中许多都记载在塔夫特的网站和可视化书籍中。

到了 20 世纪上半叶，政府、商业机构和科研部门开始大量使用可视化统计图形。同时，可视化在航空、物理、天文和生物等科学与工程领域的应用也取得了突破性进展。可视化的广泛应用让人们意识到图形可视化的巨大潜力。这个时期的一个重要特点是多维数据可视化和心理学的引入，人们要求可视化更加严谨和实用，更倾向于关注图表的颜色、数值比例和标签。20 世纪中期，制图师和理论家贾可·伯金（Jacques Bergin）出版了《图形符号学》（*Semiology Graphique*），在某种程度上可以认为该书是现代信息可视化的理论基础。由于信息技术的快速发展，伯金提出的大部分模式已经过时，甚至完全不适用于数字媒体，但是他的很多方法却为信息时代的数据可视化提供了借鉴和参考。

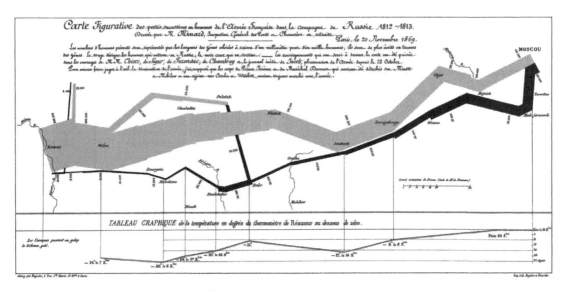

图 1-3　描绘拿破仑进军莫斯科大败而归的流图

　　进入 21 世纪，新的可视化媒介——互联网出现，这催生了许多新的可视化技术和功能。随着互联网的普及，数据和可视化传播的受众数量越来越大，许多数据有着全球范围的可视化传播需求，进一步促进了各种新形式的可视化快速发展。现在的屏幕媒体中大多融入了各种交互、动画和图像渲染技术，并加入了实时的数据反馈，可以创建出沉浸式（Immersive）的数据交流和使用环境。除了商业机构、科研部门和政府外，大众每天也要在自己的屏幕上接触大量的经过可视化的数据，可以说可视化已经渗透到互联网上每个人的生活。如图 1-4 所示，它收集了美国的交通事故，并将所有信息都汇集到一张地图上。

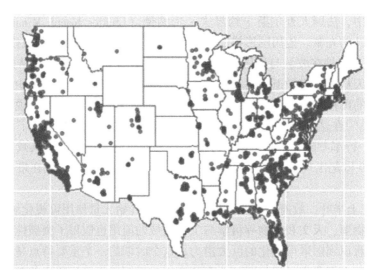

图 1-4　美国交通事故可视化分析

在媒体的宣传下,现在似乎所有企业和个人都对数据非常感兴趣,这激发了使用可视化工具更好地理解数据的需求。廉价的硬件传感器和自己动手创建系统的框架降低了收集与处理数据的成本。出现了数不胜数的应用、软件工具和底层代码库,帮助人们收集、组织、操作、可视化和理解各种来源的数据。互联网还可作为可视化的传播通道,来自不同社区的设计师、程序员、制图师、游戏设计者和数据分析师聚在一起,分享各种处理数据的新思路和新工具,包含可视化与非可视化方法。如图1-5所示,这是在某视频网站上搜索数据可视化出现的结果。可以看出,可视化在各个领域都有应用,而且展示出的结果非常受用户们欢迎。可视化帮助人们直观地了解自己感兴趣的领域的数据,各种自媒体都倾向于使用可视化来增加关注度,吸引流量。

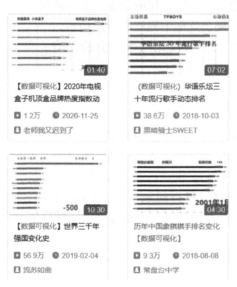

图1-5 关于数据可视化的各种视频

直到现在,可视化技术的发展也不曾停下脚步。谷歌地图使界面操作的习惯(如单击平移、双击缩放)和交互式地图的显示技术大众化,这使得大部分人在面对在线地图时都知道如何使用,使用截图如图1-6所示。比如,Flash已作为一种跨浏览器的平台,在上面

图1-6 谷歌地图截图示例

可以开发丰富、漂亮的应用，融入可交互的数据可视化和地图。现在，出现了新型的浏览器显示技术，例如 Canvas 和 SVG（有时统称 HTML5 技术），正在挑战 Flash 的主导地位，同时也将动态的可视化界面扩展到移动设备上。

1.3 大数据可视化的分类

数据可视化的处理对象是数据。根据所处理的数据对象的不同，数据可视化可分为科学可视化与信息可视化。科学可视化面向科学和工程领域数据，如三维空间测量数据、计算模拟数据和医学影像数据等，重点探索如何以几何、拓扑和形状特征来呈现数据中蕴含的规律；信息可视化的处理对象则是非结构化的数据，如金融交易、社交网络和文本数据，其核心挑战是如何从大规模高维复杂数据中提取出有用信息。

由于数据分析的重要性，将可视化与数据分析结合，可形成一个新的学科：可视分析学。

1.3.1 科学可视化

科学可视化是可视化领域发展最早、最成熟的一个学科，其应用领域包括物理、化学、气象气候、航空航天、医学、生物学等各个学科，涉及对这些学科中数据和模型的解释、操作与处理，旨在寻找其中的模式、特点、关系以及异常情况，如图 1-7 所示是一个化学实验结果可视化的例子，我们可以很直观地看出 1.0 mol/L 的盐浓度下吸光度（Absorbance）随光的波长（Wavelength）的变化趋势，以及吸光度达到峰值时具体的波长数值。

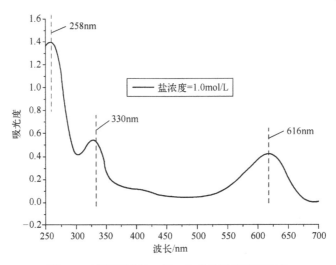

图 1-7 科学可视化：某一化学实验结果可视化

科学可视化的基础理论与方法已经相对成熟，其中一些方法已广泛应用于各个领域。最简单的科学可视化方法是颜色映射法，它将不同的值映射成不同的颜色，热力图就是其中一种，如图 1-8 所示。科学可视化方法还包括轮廓法（Contouring），轮廓法是将数值等于某一指定阈值的点连接起来的可视化方法，地图上的等高线、天气预报中的等温线都是典型的轮廓可视化的例子，如图 1-9 所示。

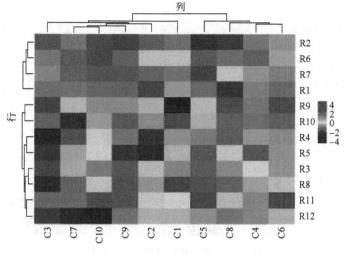

图 1-8　颜色映射法示例

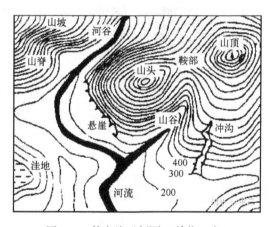

图 1-9　等高线示例图（单位：米）

1.3.2　信息可视化

与科学可视化相比，信息可视化的数据更贴近人们的生活与工作，它包括地理信息可视化、时变数据可视化、层次数据可视化、网络数据可视化、非结构化数据可视化等。

常见的地图是地理信息数据，属于信息可视化的范畴。现在很多地图不仅仅有地理信息，还有很多其他信息，如交通流量数据等。如图 1-10 所示，这是谷歌感恩节航班动态地图的一张截图，在给定时间内，将太空中移动的物体进行了可视化，由 Google 趋势提供支持。该趋势跟踪了感恩节前一天飞往美国的航班，随着时间的推移像电影一样播放，显示在全美各地移动的航班。在没有显示任何数字的情况下，观众可以看到一天中哪些时段更适合国际航班、国内航班以及往返全美不同枢纽的航班。

时变数据可视化采用多视角、数据比较等方法体现数据随时间变化的趋势和规律。如图 1-11 所示，在这个案例中，每一条线的灰色代表一个人原来可以活到多少岁，但因为某种原因却提前死亡了，死之前用桔色表现。每条线条的颜色汇集在一起，从而直观地表现出因为某种原因死亡的多是中青年。

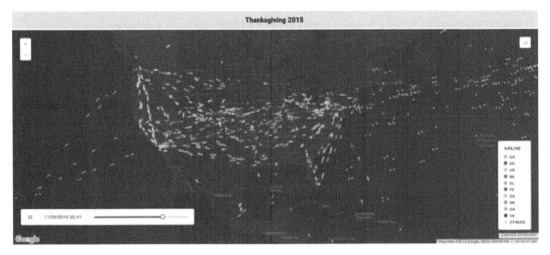

图 1-10　谷歌感恩节航班动态地图

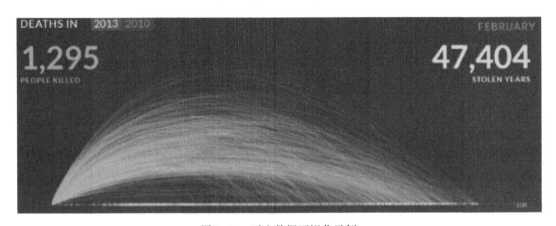

图 1-11　时变数据可视化示例

在层次数据可视化中，层次数据表达各个个体之间的层次关系。树图是层次数据可视化的典型案例，树图是对现实世界事物关系的抽象，其数据本身具有层次结构的信息。

在网络结构数据可视化中，网络数据不具备层次结构，关系更加复杂和自由，如人与人之间的关系、城市道路连接、科研论文的引用等。

非结构化数据可视化通常是将非结构化数据转化为结构化数据后，再进行可视化显示。

1.3.3　可视分析学

可视分析学被定义为一门以可视交互界面为基础的分析推理科学，它综合了图形学、数据挖掘和人机交互等技术。可视分析学是一门综合性学科，与多个领域相关：在可视化领域，与信息可视化、科学可视化、计算机图形学相关；在数据分析相关的领域，与信息获取、数据处理、数据挖掘相关；在交互领域，则与人机交互、认知科学和感知等学科融合。

可视分析学所包含的研究内容非常广泛，如图 1-12 所示。其中，感知与认知科学研究在可视化分析学起到重要作用；数据管理和知识表达是可视分析构建数据到知识转换的基础理论；地理分析、信息分析、科学分析、统计分析、知识发现等是可视分析学的核心分析方法；在整个可视分析过程中，人机交互必不可少，用于控制模型构建、分析推理和信息呈现

等整个过程；可视分析流程中推导出的结论与
知识最终需要由用户传播和应用。

　　可视化分析的含义包括可视化和预测性分
析两部分。信息可视化的目的是回答"发生了
什么"和"正在发生什么"，这与商务智能
（如日常报表、计分卡、仪表盘）有密切联系。
而可视化分析主要回答"为什么会发生"和
"将来可能发生什么"，与业务分析（如预测、
分割、关联分析）有关。许多数据可视化供应
商都在产品中加入了相关功能，使它们可以被
称为可视化分析供应商。比如，最著名的、创
立最久的数据分析提供商 SAS，将分析技术嵌
入一个高性能数据可视化环境中，称之为可视化分析。

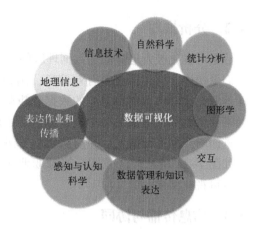

图 1-12　可视分析学

1.4　大数据可视化的作用

　　数据可视化的作用包括记录信息、分析推理、信息传播与协同等。

1.4.1　记录信息

　　用图形的方式描述各种具体或抽象的事物是最早的可视化，这种可视化的目的就是将抽
象的事物和信息记录下来。例如，古代将观察到的星象信息记录下来，用以推算历法，如
图 1-13 所示。

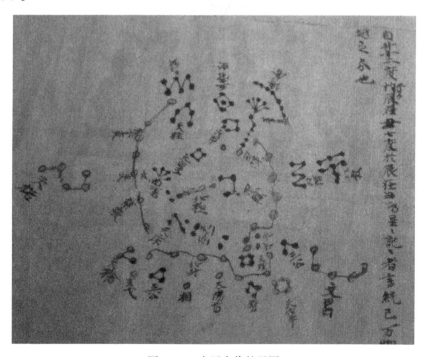

图 1-13　中国古代的星图

1.4.2　分析推理

数据可视化极大地降低了数据理解的复杂度，有效地提升了信息认知的效率，从而有助于人们更快地分析和推理出有效信息。例如，在篮球等职业比赛中，会有专业的数据分析师，他们通常会借助数据可视化等手段，分析选手的特点，进而对选手进行指导，并对队伍战术进行调整。如图1-14所示，这是某一篮球职业选手的投篮点可视化结果。

1.4.3　信息传播与协同

一张好的可视化图可以让人留下深刻印象，更好地理解数据中的信息，进而带来更多传播流量，这对互联网时代的媒体尤为重要。如图1-15所示，这是某一售卖热干面店铺评论的可视化。对于消费者来说，这样一张图能够更好地帮助其了解店铺的情况。即使是时间紧张的人

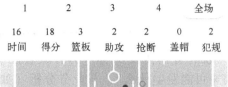

1	2	3	4		全场
16	18	3	2	2	0	2
时间	得分	篮板	助攻	抢断	盖帽	犯规

图1-14　职业选手投篮点可视化结果

也可以一眼从这张图中大致了解到这家店铺的特色，不需要逐条地阅读大量评论。在信息碎片化的时代，这就能带来更快的传播与关注。这样一张图也有助于管理者快速发现自己店铺的优势和劣势，对自己的营销策略做出调整，在市场竞争中抢占先机。

图1-15　店铺评论可视化

随着计算机技术的普及，数据无论从数量上还是从维度层次上都变得日益繁杂，如图 1-16 所示（数据来源：IDC "数据时代 2025" 研究）。

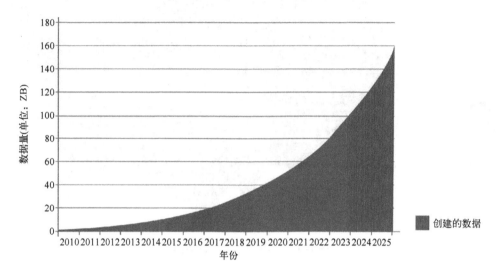

图 1-16 全球数据量变化趋势图

面对海量而又复杂的数据，各个科研机构和商业组织普遍遇到过以下问题。

1）大量数据不能有效利用，弃之可惜，想用却不知如何下手。

2）数据展示模式繁杂晦涩，无法快速甄别有效信息。

数据可视化就是将海量数据经过抽取、加工、提炼，通过可视化方式展示出来，改变传统的文字描述识别模式，达到更高效地掌握重要信息和了解重要细节的目的。

数据可视化在大数据分析中的作用主要体现在以下几个方面。

1）动作更快。使用图表来总结复杂的数据，可以确保对关系的理解要比那些混乱的报告或电子表格更快。可视化提供了一种非常清晰的交互方式，从而能够使用户更快地理解和处理这些信息。如图 1-17 所示，这是一张美国风图，它实时显示了美国某一时刻的风速和方向，用户可以快速处理这些信息：速度由缓慢或快速移动的线条表示，方向由线条移动的方向表示。

2）以建设性方式提供结果。大数据可视化工具能够用一些简短的图形描述复杂的信息。通过可交互的图表界面，轻松地理解各种不同类型的数据。例如，许多企业通过收集消费者行为数据，再使用大数据可视化来监控关键指标，从而更容易发现各种市场变化和趋势。例如，一家服装企业发现，在西南地区，深色西装和领带的销量正在上升，这促使该企业在全国范围内推销这两类产品。通过这种策略，这家企业的产品销量远远领先于那些尚未注意到这一潮流的竞争对手。

3）理解数据之间的联系。在市场竞争环境下，找到业务和市场之间的相关性是至关重要的。例如，一家软件公司的销售总监在条形图中看到，他们的旗舰产品在西南地区的销售额下降了 8%；销售总监可以深入了解问题出现在哪里，并着手制订改进计划。通过这种方式，数据可视化可以让管理人员立即发现问题并采取行动。

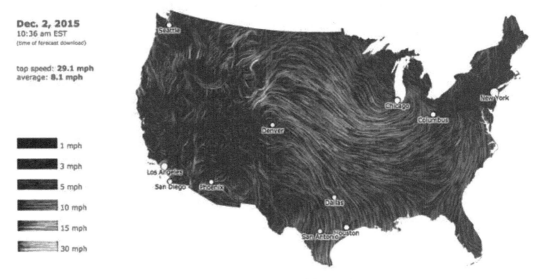

图 1-17　美国某一时刻的风图

1.5　大数据可视化的发展方向

伴随大数据时代的来临，数据可视化日益受到关注，可视化技术也日趋成熟。然而，数据可视化依然存在许多问题，且面临着巨大的挑战。具体包括以下几个方面。

1）数据规模大，已超越单机、外存模型甚至小型计算集群处理能力的极限，而当前软件和工具运行效率不高，需探索全新思路解决该问题。

2）在数据获取与分析处理过程中，易产生数据质量问题，需特别关注数据的不确定性。

3）数据快速动态变化，常以流式数据形式存在，需要寻找流数据的实时分析与可视化方法。

4）面对复杂高维数据，当前的软件系统以统计和基本分析为主，分析能力不足。

5）多来源数据的类型和结构各异，已有方法难以满足非结构化、异构数据方面的处理需求。

数据可视化技术的发展主要集中在以下 4 个方向。

1）可视化技术与数据挖掘技术的紧密结合。数据可视化可以帮助人类洞察出数据背后隐藏的潜在规律，进而提高数据挖掘的效率，因此，可视化与数据挖掘紧密结合是可视化研究的一个重要方向。

2）可视化技术与人机交互技术的紧密结合。可视化的目的是反映数据的数值、特征和模式，以更加直观、易于理解的方式，将数据背后的信息呈现给目标用户，辅助其做出正确的决策。但是通常，我们面对的数据是复杂的，数据所蕴含的信息是丰富的。在可视化图形中，如果将所有的信息不经过组织和筛选，全部机械地摆放出来，不仅会让整个页面显得特别臃肿和混乱，缺乏美感；而且模糊了重点，分散用户的注意力，降低用户单位时间获取信息的能力。良好的人机交互可以有效地解决这个问题，让用户在庞大而复杂的可视化结果中抽丝剥茧，根据自己的信息需求有选择地呈现可视化结果。如图 1-18 是人机交互可视化的示例。

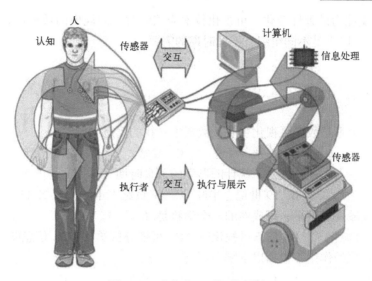

图 1-18　人机交互可视化示例

3）可视化技术广泛应用于大规模、高维度、非结构化数据的处理与分析。目前，我们处在大数据时代，大规模、高维度、非结构化数据层出不穷，若将这些数据以可视化形式完美地展示出来，将提高可视化技术展示抽象信息、解决复杂决策问题的能力。因此，可视化与大规模、高维度、非结构化数据结合是可视化研究的一个重要发展方向。如图 1-19 所示是高维数据可视化的一个示例。

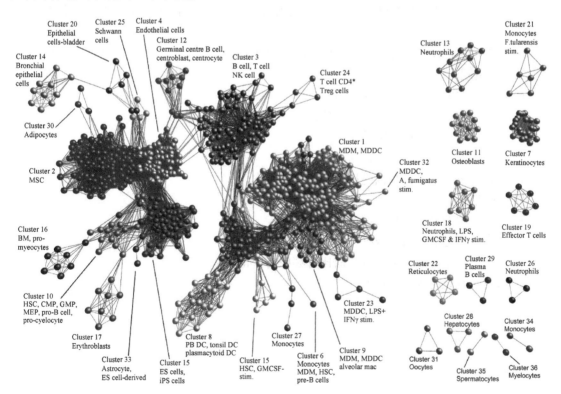

图 1-19　高维数据可视化

4）处理数据能力的弹性变化。可视化技术应该针对不同规模的数据进行优化设计，并且具有可扩展性，以满足不同组织、不同时期的需要。

习题

一、单选题

1. 以下哪一个不是数据可视化主要从数据中寻找的信息（　　）。

    A. 模式　　　　　　B. 关系　　　　　　C. 异常　　　　　　D. 分布

2. 哪一时期，人类社会进入了统计图形学的黄金时期（　　）。

    A. 17 世纪　　　　B. 19 世纪上半叶　C. 19 世纪下半叶　D. 20 世纪上半叶

3. 可视化领域发展最早、最成熟的一个学科是（　　）。

    A. 科学可视化　　B. 信息可视化　　C. 可视分析学　　D. 信息图形化

4. 数据可视化的作用不包括以下哪一项（　　）。

    A. 记录信息　　　B. 存储信息　　　C. 分析推理　　　D. 信息传播与协同

5. 信息可视化所处理的主要对象是什么（　　）。

    A. 科学领域数据　B. 工程领域数据　C. 结构化数据　　D. 非结构化数据

二、判断题

1. 学生的档案记录、货物的运输情况是数据。　　　　　　　　　　　　（　　）

2. 异常的数据一定是错误的数据。　　　　　　　　　　　　　　　　　（　　）

3. 我们常见的地图是地理信息数据，属于科学可视化的范畴。　　　　　（　　）

4. 可视化分析中的预测性分析的主要目的是回答"发生了什么"和"正在发生什么"。

    （　　）

5. 数据可视化极大地降低了数据理解的复杂度。　　　　　　　　　　　（　　）

三、填空题

1. 数据间的关系大多可分为三类：_____、_____、_____。

2. _____是现代信息可视化的理论基础。

3. 数据可视化的处理对象是_____。

4. 科学可视化的主要方法包括：_____、_____。

5. 在计算机科学中，数据是指_____的总称。

四、问答题

1. 什么是数据？什么是数据可视化？

2. 请举出历史上著名的数据可视化的例子。

3. 现在的数据可视化和一百年前比有哪些新变化？

4. 数据可视化有哪些难点？

第 2 章
数据可视化基础

本章将从数据可视化的一般流程和数据可视化的设计工具及原则两方面，阐述数据可视化的基础知识。

2.1 可视化流程

大多数人对数据可视化的第一印象，可能就是各种图形，比如 Excel 图表模块中的柱状图、条形图、折线图、饼图、散点图等，这些只是数据可视化的具体体现。

数据可视化不是简单的视觉映射，而是一个以数据流向为主线的完整流程，主要包括数据采集、数据处理和变换、可视化映射和人机交互、用户感知。一个完整的可视化过程，可以看成数据流经过一系列处理模块并得到转化的过程，用户通过可视化交互从可视化映射后的结果中获取知识和灵感。

1. 数据采集

数据采集是数据分析和可视化的第一步，数据采集的方法和质量，很大程度上就决定了数据可视化的最终效果。数据采集的分类方法有很多，从数据的来源来看，可以分为内部数据采集和外部数据采集。

- 内部数据采集：指的是采集企业内部经营活动的数据，通常数据来源于业务数据库，如订单的交易情况。如果要分析用户的行为数据、App 的使用情况，还需要一部分行为日志数据，这个时候就需要用"埋点"这种方法来进行 App 或 Web 的数据采集。
- 外部数据采集：指的是通过一些方法获取企业外部的一些数据，具体目的包括获取竞品的数据、获取官方机构官网公布的一些行业数据等。获取外部数据，通常采用的数据采集方法为"网络爬虫"。

以上的两类数据采集方法得来的数据，都是二手数据。通过调查和实验采集的数据，属于一手数据，在市场调研和科学研究实验中比较常用，不在本书探讨范围之内。

2. 数据处理和变换

数据处理和数据变换，是进行数据可视化的前提条件，包括数据预处理和数据挖掘两个过程。一方面，通过前期的数据采集得到的数据，不可避免地含有噪声和误差，数据质量较差，所以需要数据处理，去除错误；另一方面，数据的特征、模式往往隐藏在海量的数据中，需要进一步的数据挖掘才能提取出来。

以下列出了常见的数据质量问题。

- 数据收集错误，遗漏了数据对象，或者包含了本不应包含的其他数据对象。
- 数据中的离群点，即不同于数据集中其他大部分数据对象特征的数据对象。
- 存在遗漏值，数据对象的一个或多个属性值缺失，导致数据收集不全。

15

- 数据不一致，收集到的数据明显不合常理，或者多个属性值之间互相矛盾。例如，体重是负数，或者所填的邮政编码和城市之间并没有对应关系。
- 重复值的存在，数据集中包含完全重复或几乎完全重复的数据。

正是因为有以上问题的存在，直接拿采集到的数据进行分析或者可视化，得出的结论往往会误导用户做出错误的决策。因此，对采集到的原始数据进行数据清洗和规范化，是数据可视化流程中不可缺少的一环。

数据可视化的显示空间通常是二维的，比如计算机屏幕、大屏显示器等，3D 图形绘制技术解决了在二维平面显示三维物体的问题。

但是在大数据时代，我们所采集到的数据通常具有 4V 特性：Volume（大量）、Variety（多样）、Velocity（高速）、Value（价值）。如何从高维、海量、多样化的数据中，挖掘出有价值的信息来支持决策，除了需要对数据进行清洗、去除噪声之外，还需要依据业务目的对数据进行二次处理。

常用的数据处理方法包括：降维、数据聚类和切分、抽样等统计学与机器学习中的方法。

3. 可视化映射与人机交互

对数据进行清洗、去噪，并按照业务目的进行数据处理之后，接下来就到了可视化映射环节。可视化映射是整个数据可视化流程的核心，是指将处理后的数据信息映射成可视化元素的过程。其是与数据、感知、人机交互等方面相互依托，共同实现的。

可视化元素由三个部分组成：可视化空间、标记、视觉通道。

1）数据可视化的显示空间，通常是二维。三维物体的可视化，通过图形绘制技术，解决了在二维平面显示的问题，如 3D 环形图、3D 地图等。

2）标记，是数据属性到可视化几何图形元素的映射，用来代表数据属性的归类。根据空间自由度的差别，标记可以分为点、线、面、体，分别具有零自由度、一维、二维、三维自由度。如我们常见的散点图、折线图、矩形树图、三维柱状图，分别采用了点、线、面、体这四种不同类型的标记。

3）数据属性的值到标记的视觉呈现参数的映射，叫作视觉通道，通常用于展示数据属性的定量信息。常用的视觉通道包括：标记的位置、大小（长度、面积、体积…）、形状（三角形、圆、立方体…）、方向、颜色（色调、饱和度、亮度、透明度…）等。如图 2-1所示，这个词语图就很好地利用了位置、大小、颜色等视觉通道来进行数据信息的可视化呈现。"标记""视觉通道"是可视化编码元素的两个方面，两者的结合可以完整地将数据信息进行可视化表达，从而完成可视化映射这一过程。

4）如果在可视化图形中，将所有的信息不经过组织和筛选，全部机械地摆放出来，不仅会让整个页面显得特别臃肿和混乱，缺乏美感；而且模糊了重点，分散用户的注意力，降低用户单位时间获取信息的能力。这时人机交互的重要性就体现出来了。

常见的人机交互方式如下。

- 滚动和缩放：当数据在当前分辨率的设备上无法完整展示时，滚动和缩放是一种非常有效的交互方式，比如地图、折线图的信息细节等。但是，滚动与缩放的具体效果，除了与页面布局有关系外，还与具体的显示设备有关。
- 颜色映射的控制：一些可视化的开源工具，会提供调色板，如 D3。用户可以根据自己的喜好，去进行可视化图形颜色的配置。该方式在自助分析等平台型工具中，会相对多一点；但是对一些自研的可视化产品，一般有专业的设计师来负责这项工作，从而使可视化的视觉传达具有美感。

- 数据映射方式的控制：这个是指用户对数据可视化映射元素的选择，一般一个数据集是具有多组特征的，提供灵活的数据映射方式给用户，可以方便用户按照自己感兴趣的维度去探索数据背后的信息。该方式在常用的可视化分析工具中都有提供，如 Tableau、PowerBI 等。
- 数据细节层次控制：比如隐藏数据细节，将鼠标移动到相应位置（前端术语中称为 hover）或单击才出现。

图 2-1　视觉通道运用示例

4. 用户感知

可视化映射后的结果只有通过用户感知才能转换成知识和灵感。用户从数据的可视化结果中进行信息融合、提炼、总结知识和获得灵感。数据可视化可让用户从数据中探索新的信息，也可证实自己的想法是否与数据所展示的信息相符合，还可以利用可视化结果向他人展示数据所包含的信息。用户可以与可视化模块进行交互，交互功能在可视化辅助分析决策方面发挥了重要作用。如何让用户更好地感知可视化的结果，将结果转化为有价值的信息用来指导决策，其中涉及的影响因素很多，如心理学、统计学、人机交互等多个学科的知识。

直到今天，还有很多科学可视化和信息可视化工作者在不断地优化可视化工作流程。

图 2-2 是由 Haber 和 Mcnabb 提出的可视化流水线，描述了从数据空间到可视空间的映射，包含了数据分析、数据过滤、数据可视映射和绘制等各个阶段。这个流水线常用于科学计算可视化系统中。

图 2-2　Haber 和 Mcnabb 提出的可视化流水线

2.2　可视化设计工具和原则

下面介绍可视化底层数据的组织与管理工具，合适的底层数据组织与管理可有效提高可视化的效率。此外还将介绍可视化的一些原则。

2.2.1　可视化数据组织与管理工具

数据良好的组织与管理是优秀数据可视化方案的前提条件。在大数据时代，只有选择适合的数据组织与管理方式，才能得到最好的可视化性能，才有可能实现实时数据的可视化展示。

大数据存储利用的是分布式存储与访问技术，它具有高效、容错性强等特点。分布式存储技术与数据存储介质的类型和数据的组织与管理形式有关。目前，主要的数据存储介质类型包括机械硬盘、固态硬盘、U 盘、光盘、闪存卡等，主要的数据组织形式包括按行组织、按列组织、按键值组织和按关系组织，主要的数据组织与管理层次包括按块级、文件级及数据库级组织管理等。不同的存储介质和组织管理形式对应于不同的大数据特征和应用场景。

1. 分布式文件系统

分布式文件系统是指文件在物理上可能被分散存储在不同地点的节点上，各节点通过计算机网络进行通信和数据传输，但在逻辑上仍然是一个完整的文件。用户在使用分布式文件系统时，无须知道数据存储在哪个具体的节点上，只需像操作本地文件系统一样进行管理和存储数据即可。

常用的分布式文件系统有 HDFS（Hadoop 分布式文件系统）、GFS（Google 分布式文件系统）、KFS（Kosmos 分布式文件系统）等，常用的分布式内存文件系统有 Tachyon 等。

2. 文档存储

文档存储支持对结构化数据的访问，一般以键值对的方式进行存储。

文档存储模型支持嵌套结构。例如，文档存储模型支持 XML 和 JSON 文档，字段的"值"又可以嵌套存储其他文档。MongoDB 数据库通过支持在查询中指定 JSON 字段路径实现类似的功能。

文档存储模型也支持数组和列值键。

主流的文档数据库有 MongoDB、CouchDB、Terrastore、RavenDB 等。

3. 列式存储

列式存储是指以流的方式在列中存储所有的数据。列式数据库把一列中的数据值串在一起存储，再存储下一列的数据，以此类推。列式数据库由于查询时需要读取的数据块少，所以查询速度快。因为同一类型的列存储在一起，所以数据压缩比高，简化了数据建模的复杂性。但它是按列存储的，插入更新的速度比较慢，不太适合用于数据频繁变化的数据库。它适合用于决策支持系统、数据集市、数据仓库，不适合用于联机事务处理（OLTP）。

使用列式存储的数据库产品，有传统的数据仓库产品，如 Sybase IQ、InfiniDB、Vertica 等，也有开源的数据库产品，如 Hadoop HBase、Infobright 等。

4. 键值存储

键值存储，即 Key-Value 存储，简称 KV 存储。它是 NoSQL 存储的一种方式。它的数据按照键值对的形式进行组织、索引和存储。键值存储能有效地减少读写磁盘的次数，比 SQL 数据库存储拥有更好的读写性能。

键值存储实际是分布式表格系统的一种。主流的键值数据库产品有 Redis、Apache、Cassandra、Google Bigtable 等。

5. 图形数据库

当事物与事物之间呈现复杂的网络关系（这些关系可以简单地称为图形数据）时，最常见的例子就是社会网络中人与人之间的关系，用关系型数据库存储这种"关系型"数据的效果并不好，其查询复杂、缓慢，并超出预期，而图形数据库的出现则弥补了这个缺陷。

图形数据库是 NoSQL 数据库的一种类型，是一种非关系型数据库，它应用图形理论存储实体之间的关系信息。图形数据库采用不同的技术很好地满足了图形数据的查询、遍历、求最短路径等需求。在图形数据库领域，有不同的图模型来映射这些网络关系，可用于对真实世界的各种对象进行建模，如社交图谱可用于反映事物之间的相互关系。主流的图形数据库有 Google Pregel、Neo4j、Infinite Graph、DEX、InfoGriD、HyperGraphDB 等。

6. 关系数据库

关系模型是最传统的数据存储模型，数据按行存储在有架构界定的表中。表中的每个列都有名称和类型，表中的所有记录都要符合表的定义。用户可使用基于关系代数演算的结构化查询语言（Structured Query Language，SQL）提供的相应语法查找符合条件的记录，通过表连接在多表之间查询记录，表中的记录可以被创建和删除，记录中的字段也可以单独更新。

关系模型数据库通常提供事务处理机制，可以进行多条记录的自动化处理。在编程语言中，表可以被视为数组、记录列表或者结构。

目前，关系型数据库也进行了改进，支持如分布式集群、列式存储，支持 XML、JSON 等数据的存储。

7. 内存数据库

内存数据库（Main Memory DataBase，MMDB）就是将数据放在内存中直接操作的数据库。

相对于磁盘数据，内存数据的读写速度要高出几个数量级。MMDB 的最大特点是其数据常驻内存，即活动事务只与实时内存数据库的内存数据"打交道"，所处理的数据通常是"短暂"的，有一定的有效时间，过时则有新的数据产生。所以，实际应用中采用内存数据库来处理实时性强的业务逻辑。内存数据库产品有 Oracle TimesTen、eXtremeDB、Redis、Memcached 等。

2.2.2　可视化设计原则

数据可视化的主要目的是准确地为用户展示和传达数据所包含（隐藏）的信息。简洁明了的可视化设计会让用户受益，而过于复杂的可视化原则会给用户带来理解上的偏差和对原始数据信息的误读；缺少交互的可视化会让用户难以多方面地获得所需的信息；没有美感的可视化设计则可能会影响用户的情绪，从而影响信息传播和表达的效果。因此，了解并掌握可视化的一些设计方法和原则，对有效地设计可视化十分重要。本节将介绍一些有效的可视化设计指导思路和原则，以帮助读者完成可视化设计。

1. 数据筛选原则

可视化展示的信息要适度，以保证用户获取数据信息的效率。若展示的信息过少则会使用户无法更好地理解信息；若包含过多的信息则可能造成用户的思维混乱。甚至可能会导致错失重要信息。最好的做法是向用户提供对数据进行筛选的操作，从而可以让用户选择数据的哪一部分被显示，而其他部分则在需要的时候才显示。另一种解决方案是通过使用多视图或多显示器，根据数据的相关性分别显示。

2. 数据到可视化的直观映射原则

在设计数据到可视化的映射时，设计者不仅要明确数据语义，还要了解用户的个性特征。如果设计者能够在可视化设计时预测用户在使用可视化结果时的行为和期望，就可以提高可视化设计的可用性和功能性，有助于帮助用户理解可视化结果。设计者利用已有的先验知识可以减少用户对信息的感知和认知所需的时间。

数据到可视化的映射还要求设计者使用正确的视觉通道去编码数据信息。比如，对于类别型数据，务必使用分类型视觉通道进行编码；而对于有序型数据，则需要使用定序的视觉通道进行编码。

3. 视图选择与交互设计原则

优秀的可视化展示，首先使用人们认可并熟悉的视图设计方式。简单的数据可以使用基本的可视化视图，复杂的数据则需要使用或开发新的较为复杂的可视化视图。此外，优秀的可视化系统还应该提供一系列的交互手段，使用户可以按照所需的展示方式修改视图展示结果。

视图的交互包括以下内容：

1）视图的滚动与缩放。

2）颜色映射的控制，如提供调色盘让用户控制。

3）数据映射方式的控制，让用户可以使用不同的数据映射方式来展示同一数据。

4）数据选择工具，用户可以选择最终可视化的数据内容。

5）细节控制，用户可以隐藏或突出数据的细节部分。

4. 美学原则

可视化设计者在完成可视化的基本功能后，需要对其形式表达（可视化的美学）方面进行设计。有美感的可视化设计会更加吸引用户的注意，促使其进行更深入的探索。因此，优秀的可视化设计必然是功能与形式的完美结合。在可视化设计中有很多方法可以提高美感，总结起来主要有如下三种原则。

1）简单原则：设计者应尽量避免在可视化制作中使用过多的元素造成复杂的效果，找到可视化的美学效果与所表达的信息量之间的平衡。

2）平衡原则：为了有效地利用可视化显示空间，可视化的主要元素应尽量放在设计空间的中心位置或中心附近，并且元素在可视化空间中应尽量平衡分布。

3）聚焦原则：设计者应该通过适当手段将用户的注意力集中到可视化结果中的最重要区域。例如，设计者通常将可视化元素的重要性排序后，对重要元素通过突出的颜色进行编码展示，以提高用户对这些元素的关注度。

5. 适当运用隐喻原则

用一种事物去理解和表达另一种事物的方法称为隐喻（Metaphor），隐喻作为一种认知方式，参与人对外界的认知过程。与普通认知不同，人们在进行隐喻认知时需要先根据现有信息与以往经验寻找相似记忆，并建立映射关系，再进行认知、推理等信息加工。解码隐喻内容，才能真正了解信息传递的内容。

可视化过程本身就是一个将信息进行隐喻化的过程。设计师将信息进行转换、抽象和整合，用图形、图像、动画等方式重新编码表示信息内容，然后展示给用户。用户在看到可视化结果后进行隐喻认知，并最终了解信息内涵。信息可视化的过程是隐喻编码的过程，而用户读懂信息的过程则是运用隐喻认知解码的过程。隐喻的设计包含隐喻本体、隐喻喻体和可视化变量各层面。选取合适的源域和喻体，就能创造更佳的可视和交互效果。

6. 颜色与透明度选择原则

颜色在数据可视化领域通常被用于编码数据的分类或定序属性。有时，为了便于用户在观察和探索数据可视化时从整体进行把握，可以给颜色增加一个表示不透明度的分量通道，用于表示离观察者更近的颜色对背景颜色的透过程度。该通道可以有多种取值，当取值为 1时，表示颜色是不透明的；当取值为 0 时，表示该颜色是完全透明的；当取值介于 0 和 1 之间时，表示该颜色可以透过一部分背景的颜色，从而实现当前颜色和背景颜色的混合，创造出可视化的上下文效果。

颜色混合效果可以为可视化视图提供上下文内容信息，方便观察者对数据全局进行把握。例如，在可视化交互中，当用户通过交互方式移动一个标记而未将其就位时，颜色混合所产生的半透明效果可以给用户带来非常直观的操作感知效果，从而提高用户的交互体验。但有时颜色的色调视觉通道在编码分类数据上会失效，所以在可视化中应当慎用颜色混合。

习题

一、选择题

1. 外部数据采集指的数通过一些方法获取企业外部的一些数据，具体目的包括获取竞品的数据、获取官方机构官网公布的一些行业数据等。获取外部数据，通常采用的二手数据采集方法为（　　　）。

　　A. 业务数据库埋点　　　　B. 网络爬虫　　　　C. 调查法　　　　D. 实验法

2. 若采集到的数据存在数据不一致现象，这指的是（　　　）。

　　A. 遗漏了数据对象，或者包含了本不应包含的其他数据对象

　　B. 存在不同于数据集中其他大部分数据对象特征的数据对象

　　C. 数据对象的一个或多个属性值缺失，导致数据收集不全

　　D. 收集到的数据明显不合常理，或者多个属性值之间互相矛盾

3. 下列问号位置应填入的是（　　　）。

　　A. 数据采集　　　　　　B. 处理变换　　　　　C. 可视映射　　　　D. 用户感知

4.（　　）是最传统的数据存储模型，数据按行存储在有架构界定的表中。表中的每个列都有名称和类型，表中的所有记录都要符合表的定义。用户可查找符合条件的记录，通过表连接在多表之间查询记录，表中的记录可以被创建和删除，记录中的字段也可以单独更新。

A. 图形数据库   B. 关系数据库

C. 内存数据库   D. 以上说法均不正确

二、判断题

1. 数据可视化不是简单的视觉映射，而是一个以数据流向为主线的完整流程。（　　）

2. 直接拿采集的数据进行分析或者可视化，得出的结论往往会误导用户做出错误的决策，因此，对采集到的原始数据进行数据清洗和规范化，是数据可视化流程中不可缺少的一环。　　　　　　　　　　　　　　　　　　　　　　　　　　　　　　（　　）

3. 数据处理和数据变换，是进行数据可视化的前提条件，也是数据分析和可视化的第一步。　　　　　　　　　　　　　　　　　　　　　　　　　　　　　　　　　（　　）

4. 数据良好的组织与管理是优秀数据可视化方案的前提条件。在大数据时代，只有选择适合的数据组织与管理方式，才能得到最好的可视化性能，才有可能实现实时数据的可视化展示。　　　　　　　　　　　　　　　　　　　　　　　　　　　　　　（　　）

5. 与普通认知不同，人们在进行隐喻认知时需要先根据现有信息与以往经验寻找相似记忆，并建立映射关系，再进行认知、推理等信息加工。解码隐喻内容，才能真正了解信息传递的内容。　　　　　　　　　　　　　　　　　　　　　　　　　　　（　　）

三、填空题

1. 数据可视化的流程主要有：数据采集、数据处理与变换、_____、用户感知。

2. 数据质量问题主要有数据收集错误、存在离群点、存在遗漏值、数据不一致、_____等。

3. 可视化元素由三个部分组成，分别为：可视化空间、标记、_____。

4. _____是指文件在物理上可能被分散存储在不同地点的节点上，各节点通过计算机网络进行通信和数据传输，但在逻辑上仍然是一个完整的文件。

5. _____原则指可视化展示的信息要适度，以保证用户获取数据信息的效率。若展示的信息过少则会使用户无法更好地理解信息；若包含过多的信息则可能造成用户的思维混乱，甚至可能会错失重要信息。

四、问答题

1. 简述可视化流程。

2. 关系型数据库有哪些特点？

3. 找到一个经典的可视化案例，说出它运用了哪些设计原则。

第二部分：大数据可视化方法

第3章
时间数据可视化

几乎所有原始数据都带有时间信息，只不过在特定的情况下会把时间忽略掉，而只关注扁平的数据。在大数据时代，随着数据处理能力的增强和处理方法的增多，时序大数据越来越受重视。本章主要介绍时间数据在大数据中的应用以及对应的图形表示方法。

本章分为两部分：连续型时间数据可视化，主要有阶梯图、折线图、拟合曲线；离散时间数据的可视化处理，主要有散点图、柱形图、堆叠柱形图。

3.1 时间数据在大数据中的应用

对于数据来说，时间是一个非常重要的维度或属性。历史数据的积累是大数据"大"的一个重要原因。时间序列数据存在于各个领域，比如金融和商业交易记录、社会宏观经济指标记录、气象观测数据、动植物种群数据等。金融和商业记录包括股票交易价格以及交易量，各种商品的销售价格和销售量；社会经济指标包括 GDP（国内生产总值）、CPI（消费者物价指数）等指数。这些带时间维度的数据中蕴含着大量的信息，是指导国家制定政策、企业调整战略的重要依据。

时间数据有离散和连续两种，无论是哪种数据的可视化，最重要的目的都是从中发现数据随时间变化的趋势。具体表现在：什么保持不变？什么发生改变？改变的数据是上升还是下降？改变的原因是什么？不同数据随时间变化的方向是否一致？它们变化的幅度是否有关联？是否存在周期性的循环？这些变化中存在的模式超脱于某个时刻，蕴含着丰富的信息，只有依靠在时间维度的观察分析才能被发现。

3.2 连续型时间数据可视化

连续型时间数据在任意两个时间点之间可以细分出无限多个数值，它是连续不断变化现象的记录。例如，温度是人们最常接触的连续型时间数据，一天内任意一个时刻的温度都可以被测量到。另外，股票的实时价格也可以近似看作连续型时间数据。下面给出几个连续型时间数据的可视化示例。

3.2.1 阶梯图

阶梯图是 X-Y 图的一种，通常用于离散的 Y 值（数值轴）在某个特定的 X 值（时间轴）位置发生了一个突然的变化。阶梯图可以用无规律、间歇阶跃的方式表达数值随时间的变化。比如银行利率就可以用阶梯图表示：银行利率一般在较长时间内保持不变，由中央银行选择在特定时间节点进行调整。阶梯图的基本框架如图 3-1 所示。

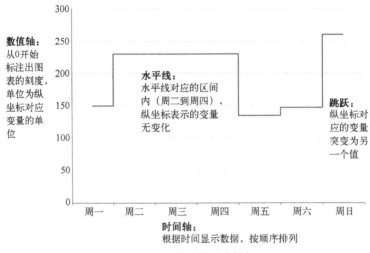

图 3-1　阶梯图的基本框架

3.2.2 折线图

折线图是用直线段将各数据点连接起来而组成的图形，以折线方式显示数据的变化趋势。在折线图中，沿水平轴均匀分布的是时间，沿垂直轴均匀分布的是数值。折线图比较适用于表现趋势，常用于展现如人口增长趋势、书籍销售量、粉丝增长进度等时间数据。这种图表类型的基本框架如图 3-2 所示。

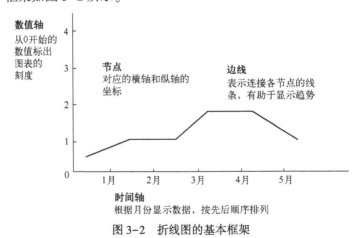

图 3-2　折线图的基本框架

从图 3-2 可以看出数据变化的整体趋势。注意，横轴长度会影响展现的曲线趋势，若图中的横轴过长，点与点之间分隔的间距比较大，则会使得整个曲线非常夸张；若横轴过短，则用户又有可能看不出数据的变化趋势。所以合理地设置横轴的长度十分重要。

3.2.3　螺旋图

螺旋图也称为时间系列螺旋图，是沿阿基米德螺旋线画上基于时间的数据。图表从螺旋形的中心点开始往外发展，其十分多变，可使用条形、线条或数据点沿着螺旋路径显示。适合用来显示大型数据集，通常显示长时间段内的数据趋势，因此能有效显示周期性的模式。螺旋图基本框架如图 3-3 所示。

3.2.4　热图

热图通过色彩变化来显示数据，当应用于表格时，热图适合用来交叉检查多变量的数据。热图不局限于时间数据的可视化，也适用于显示多个变量之间

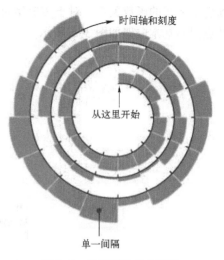

图 3-3　螺旋图的基本框架

的差异，显示是否有彼此相似的变量以及彼此之间是否有相关性。由于热图依赖颜色来表达数值，所以难以提取特定数据点或准确指出色块间的差异。图 3-4 所示是热图的一个示例。

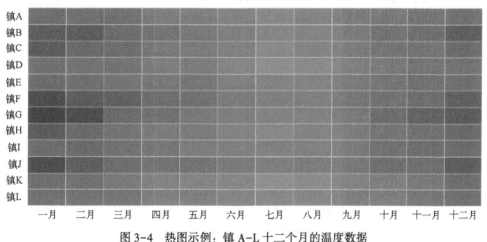

图 3-4　热图示例：镇 A-L 十二个月的温度数据

3.3　离散型时间数据可视化

离散型时间数据又称不连续型时间数据，这类数据在任何两个时间点之间的个数是有限的。在离散型时间数据中，数据来自某个具体的时间点或者时段，可能的数值也是有限的。比如每届奥运会奖牌的总数或者是各个国家或地区的金牌数就是离散型数据，某资格考试每年的通过率也是离散型数据。类似的生活实例有很多，下面将介绍如何对这些离散型时间数据进行可视化处理。

3.3.1　散点图

散点图是指在数理统计回归分析中，数据点在直角坐标系平面上的分布图，散点图表示因变量随自变量而变化的趋势，由此趋势可以选择合适的函数进行经验分布的拟合，进而找

到变量之间的函数关系。对于离散型时间数据，水平轴表示时间，垂直轴表示对应的数值。散点图的基本框架如图3-5所示。

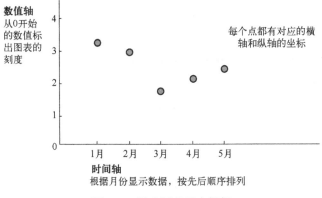

图3-5　散点图的基本框架

3.3.2　柱形图

柱形图又称条形图、直方图，是以高度或长度的差异来显示统计指标数值的一种图形。柱形图简明、醒目，是一种常用的统计图形，图3-6所示为柱形图的基本框架。

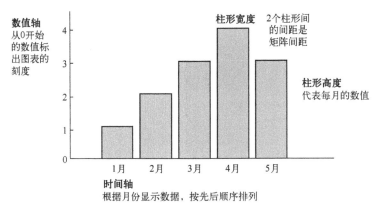

图3-6　柱形图的基本框架

柱形图一般用于显示一段时间内的数据变化或显示各项之间的比较情况。另外，数值的体现就是柱形的高度。柱形越矮则数值越小，柱形越高则数值越大。需要注意的是，柱形的宽度与相邻柱形间的间距决定了整个柱形图的视觉效果的美观程度。如果柱形的宽度小于间距，则会使用户的注意力集中在空白处而忽略了数据，所以合理地选择宽度很重要。

3.3.3　堆叠柱形图

堆叠柱形图是普通柱形图的变体，堆叠柱形图会在一个柱形上叠加一个或多个其他柱形，一般它们具有不同的颜色。若数据存在子分类，并且这些子分类相加有意义的话，则可以使用堆叠柱形图来表示。堆叠柱形图的基本框架如图3-7所示。

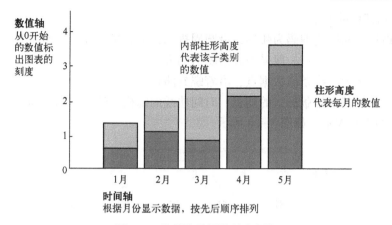

图 3-7　堆叠柱状图的基本框架

3.3.4　点线图

　　点线图是离散型时间数据可视化的一种形式。可以说点线图是柱形图的一种变形，但更聚焦于端点。图 3-8 是点线图的一个一般示例。

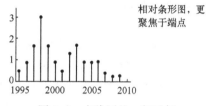

图 3-8　点线图的一般示例

　　股市中有一种特殊的点线图。一条线表示一个交易时段，一个点表示收市价，线的高低点表示最高价及最低价，如图 3-9 所示。其可以让投资者了解市价与当时交易时段高低价的关系，代表市场气氛倾向乐观或悲观。

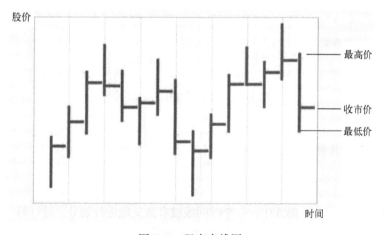

图 3-9　股市点线图

3.4　可视化图表的选择

　　经过前几节的学习，我们可以总结出时间数据可视化涉及的三个维度：表达、比例和布局。

1. 表达维度

表达维度有以下几种：

1）线性的、以典型的阅读方式呈现内容；将时间数据作为二维的线图显示；X 轴表示时间、Y 轴表示其他的变量。

2）径向地将时间序列编码为弧形；沿圆周排列；适合呈现周期性的时变型数据。

3）网格和日历相对应；一般采用表格映射的方式。

4）螺旋可用条形、线条或数据点，沿着螺旋路径显示。

5）随机两类：基于排版形式的随机；时间曲线的随机，使相似的时间点彼此接近。

这些维度的直观表示，如图 3-10 所示。

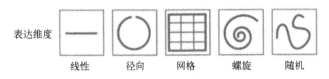

图 3-10 表达维度的直观表示

2. 比例维度

比例维度有以下几种：

1）时间顺序。可以被用来表示事件的顺序，或者事件的持续时间。

2）相对顺序。存在一个基线事件在时间零点，可以被用在多时间线的对比。

3）对数。从按时间的前后顺序排列的比例转换而来，强调了最早的或最近的事件，对数比例适用于长范围或不均匀的事件布局。

4）次序。次序比例中连续事件之间的距离是相等的，只表达事件的顺序。

5）次序+中间时长。这种形式可以用来表示长时间和不均匀分布的事件。

比例维度的直观表示，如图 3-11 所示。

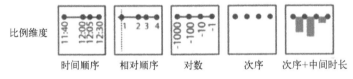

图 3-11 比例维度的直观表示

3. 布局维度

布局维度有以下几种：

1）单一时间线。

2）多个时间线。

3）分段时间线。在这种形式中，一个时间线被有意义地进行划分，进行另一种形式的比较。

4）多个时间线+分段时间线，指不同属性时间线加上分隔的时间段，可以进行多种形式的比较。

布局维度的直观表示，如图 3-12 所示。

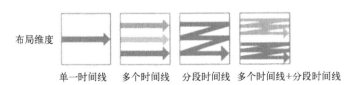

图 3-12 布局维度的直观表示

要根据数据的特点来确定合适的维度。例如，时间数据有周期性：一天中的时间，一周中的每一天以及一年中的每个月都在周而复始，对齐这些时间段通常是有好处的。有时需要看到坡度或者点之间的变化率，而用连续的线时，会更容易看到坡度；用散点图，数据和坐标轴一样，但给人的视觉暗示与连续的线不同。散点图的重点在每个数值上，趋势不是那么明显。

时间数据还可能有循环性。很多事情都是在规律性地重复着。因为数据在重复，所以比较每周同一天的数据就有了意义。例如，比较每一个星期一的情况。把时间可视化成连续的线或循环有些困难，但是可以把日子按每周分成段，这样就能直接比较循环情况了。循环中的异常数据也可以被发现，如图 3-13 所示。

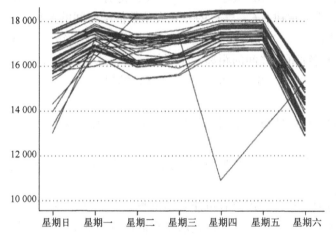

图 3-13　循环中的异常数据

有时也可以将不同的图结合起来进行创新，如图 3-14 所示（温度：摄氏度℃），将热图和螺旋图结合起来展示一年的气象变化，直观、美观，而且体现出循环性。

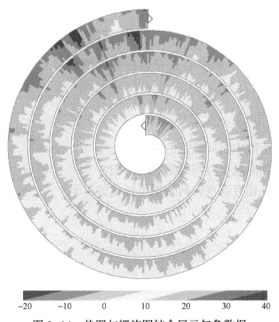

图 3-14　热图与螺旋图结合展示气象数据

习题

一、单选题

1. 点线图是（　　）的一种变形，但更聚焦于端点。

    A. 柱形图　　　　　　B. 热图　　　　　　C. 阶梯图　　　　　　D. 折线图

2. 如果柱形的（　　）小于间距，则会使读者的注意力集中在空白处而忽略了数据。

    A. 长度　　　　　　B. 宽度　　　　　　C. 高度　　　　　　D. 面积

3. 数据的可视化涉及三个维度：表达、比例和（　　）。

    A. 时间线　　　　　B. 次序　　　　　　C. 类别　　　　　　D. 布局

4. 阶梯图可以用无规律、（　　）的方式表达数值随时间的变化。

    A. 间歇阶跃　　　　B. 连续过渡　　　　C. 曲线变化趋势　　D. 周期性变化

5. 次序比例中连续事件之间的距离是相等的，只表达事件的（　　）。

    A. 顺序　　　　　　B. 时间　　　　　　C. 结果　　　　　　D. 间隔

二、判断题

1. 连续型时间数据在任意两个时间点之间可以细分出无限多个数值，它是连续不断变化现象的记录。　　　　　　　　　　　　　　　　　　　　　　　　　（　　）

2. 离散型时间数据又称不连续型时间数据，这类数据在任何两个时间点之间的个数是无限的。　　　　　　　　　　　　　　　　　　　　　　　　　　　　　（　　）

3. 若图中的横轴过长，则用户有可能看不出数据的变化趋势。　　　　　　　（　　）

4. 热图依赖颜色来表达数值，可以提取特定数据点或准确指出色块间的差异。（　　）

5. 时间数据还可能有循环性。很多事情都是在规律性地重复着。因为数据在重复，所以比较每周同一天的数据就有了意义。　　　　　　　　　　　　　　　　　（　　）

三、填空题

1. 分析时间数据的目的是_____。

2. 连续型时间数据可视化方法包括_____、_____、_____、_____。

3. 离散型时间数据可视化方法包括_____、_____、_____、_____。

4. 螺旋图的图表从螺旋形的中心点开始往外发展。其十分多变，可使用_____、_____或_____。

5. 表达维度包括_____、_____、_____、_____、_____。

四、问答题

1. 举例说明学习或生活中时间数据的应用。

2. 连续型时间数据和离散型时间数据有何区别？

3. 除了书中提到的，还有哪些时间数据可视化的例子？

第 4 章
比例数据可视化

比例数据是根据类别、子类别或群体来进行划分的数据，本章将讨论如何展现各个类别之间的占比情况和关联关系。

4.1 比例数据在大数据中的应用

对于比例数据，进行可视化的目的是寻找整体中的最大值、最小值、整体的分布构成以及各部分之间的相对关系。前两者比较简单，将数据由小到大进行排列，位于两端的分别就是最小值和最大值。例如，市场份额占比的最小值和最大值，分别就代表了市场份额最少和市场份额最多的公司；如果画出一顿早餐中食物卡路里含量占比图，那么最小值、最大值就分别对应了卡路里含量最少和最多的食物。然而，研究者更关心的整体的分布构成以及各部分之间的相对关系，这些并不是那么容易获取的。早餐中鸡蛋、面包、牛奶中都含有同样多的卡路里吗？是不是存在某一种成分的卡路里含量占绝大多数？本章涉及的图表类型将会为读者解答类似的问题。

4.2 部分与整体

比例数据可视化涉及部分与整体的刻画，有多种可以选择的可视化图表，它们用不同的形状和组织方式来从不同角度突出部分与整体的关系。

4.2.1 饼图

饼图是十分常见的统计学模型，用来表示比例关系十分直观形象。饼图在设计师手里能衍生出视觉效果各异的图形，但是它们都遵循饼图的基本框架，如图 4-1 所示。

虽然可以在对应的部分标上精确数据，但是有时楔形角度过小，数据标注会存在一定困难，无法兼顾美观。这使得饼图不太适合表示精确的数据，但是其可以直观呈现各部分占比的差别，以及部分与整体之间的比例关系。

一个饼图示例如图 4-2 所示。从图中可以看出，根据入学时间将学生分为了三类，七成的学生都是正常时间入学，不到一成学生错后入学，两成多的学生提前入学。

下面给出使用 Python 绘制饼图的一段代码，以供参考。

```
import matplotlib. pyplot as plt
plt. rcParams['font. sans-serif'] ='SimHei'          #设置中文显示
plt. figure(figsize=(6,6))#将画布设定为正方形,则绘制的饼图是正圆形
label=['正常入学','错后入学','提前入学']           #定义饼图的标签
```

```
explode = [0.01,0.01,0.01]                    #设定各项距离圆心 n 个半径
values = [719,84,196]
plt.pie(values,explode = explode,labels = label,autopct = '%1.1f%%')#绘制饼图
plt.title('入学时间饼图')                        #绘制标题
plt.savefig('./入学时间饼图')                     #保存图片
plt.show()
```

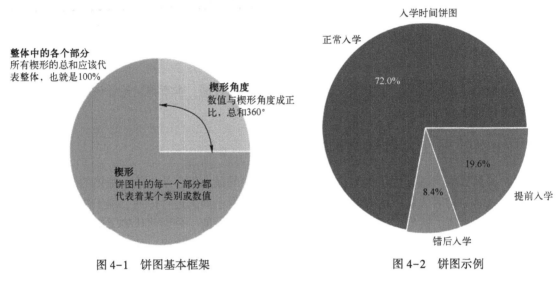

图 4-1　饼图基本框架　　　　　　　　　图 4-2　饼图示例

4.2.2　环形图

　　环形图是由两个不同大小的饼图叠合在一起，去除中间重叠部分所构成的图形。环形图与饼图外观相似，在环形图中有一个"空洞"，每个样本用一个环来表示，样本中的每一部分数据用环中的一段表示。环形图可显示多个样本各部分所占的相应比例，从而有利于构成比较研究。不同于饼图采用的角度，环形图是通过各个弧形的长度衡量比例的大小。环形图的基本框架如图 4-3 所示。环形图的示例如图 4-4 所示。

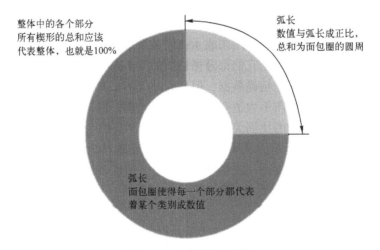

图 4-3　环形图基本框架

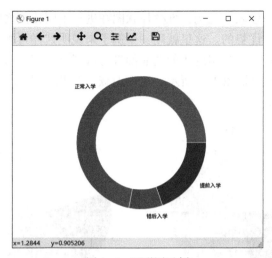

图 4-4 环形图示例

同样的，给出 Python 相关代码。

```
import matplotlib. pyplot as plt
plt. rcParams[ 'font. sans-serif' ] ='SimHei'#设置中文显示
#创建数据
names='正常入学','错后入学','提前入学',
size=[719, 84, 196]
# 画饼图,label 设置标签名,colors 代表颜色
plt. pie( size, labels=names, colors=['red', 'green', 'blue', 'skyblue'], wedgeprops=dict(width=0.3,
edgecolor='w'))
# 设置等比例轴,x 和 y 轴等比例
plt. axis('equal')
plt. show( );
```

4.2.3 比例中的堆叠

在第 3 章提到的堆叠柱形图也可以用来呈现比例数据,其基本框架如图 4-5 所示。

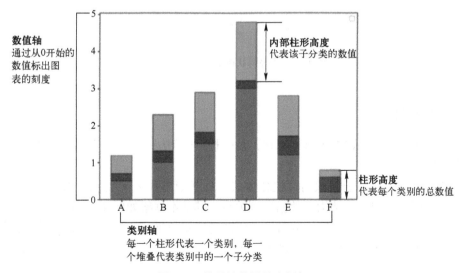

图 4-5 堆叠柱状图基本框架

实际应用中数值轴一般表示比例，堆叠柱状图在进行不同比例之间的变化的比较时，以及时间序列比较时是具有优势的。这里就用一个例子来说明这样可视化的好处。

这里假如我们需要对五个公司两年的营业额进行可视化。其中这五个公司的营业额都在20%左右。饼图可视化结果如图4-6所示。这个时候，当我们使用饼图可视化此数据集时，很难确切看到发生了什么。

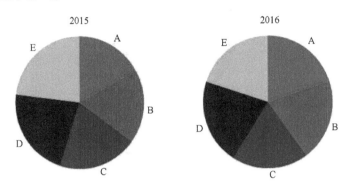

图4-6　五个公司两年营业额占比

当使用堆叠条形图时，图片会变得清晰一些。现在，可以清楚地看到A公司的市场份额增长和E公司的市场份额萎缩的趋势，如图4-7所示。

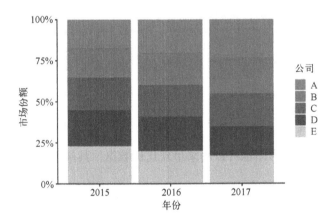

图4-7　堆叠树状图表示营业额占比

4.2.4　矩形树图

树图主要用来对树形数据进行可视化，是一种特殊的层次类型，具有唯一的根节点、左子树和右子树。

矩形树图则是一种基于面积的可视化方式。外部矩形代表父类别，内部矩形代表子类别。矩形树图可以呈现树状结构的数据比例关系。其基本框架如图4-8所示。

当类目数据较多且有多个层次的时候，饼图的展示效果往往会打折扣，不妨试一试矩形树图，能更清晰、层次化地展示数据的占比关系。电子商务、产品销售等涉及大量品类的分析，都可以用矩形树图。

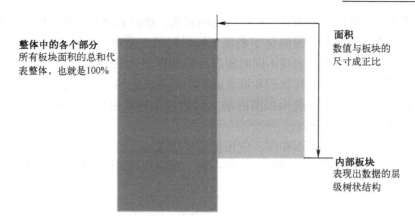

整体中的各个部分
所有板块面积的总和代
表整体，也就是100%

面积
数值与板块的
尺寸成正比

内部板块
表现出数据的层
级树状结构

图 4-8　矩形树图基本框架

4.3　时空比例数据可视化

第 3 章中曾提到，现在的数据往往都带有时间维度的信息，时间属性的比例数据也是经常出现的。例如，每年都会对各项消费占居民总消费的比例进行统计，每一年的调查结果都会积累下来。各种消费占比随着时间的变化情况是国家很关心的信息，这可以反映国民的生活变化趋势。

假设存在多个时间序列图表，现在将它们从下往上堆叠，填满空白的区域，最终得到一个堆叠面积图，水平轴代表时间，垂直轴的数值范围为 0 ~ 100%。其基本框架如图 4-9 所示。

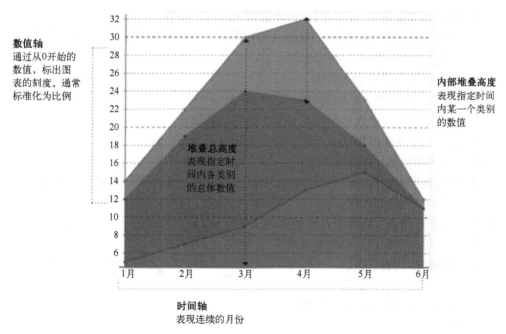

数值轴
通过从0开始的
数值，标出图
表的刻度。通常
标准化为比例

内部堆叠高度
表现指定时间
内某一个类别
的数值

堆叠总高度
表现指定时
间内各类别
的总体数值

时间轴
表现连续的月份

图 4-9　堆叠面积图基本框架

下面是堆叠面积图与其他图表的对比。

与面积图相比，堆叠面积图是一种特殊的面积图，都是表现数据在连续一段时间、一个数据区间内的趋势。堆叠面积图侧重于表现不同时间段（数据区间）的多个分类累加值之间的趋势。百分比堆叠面积图表现不同时间段（数据区间）的多个分类占比的变化趋势。

与堆叠柱状图相比，堆叠柱状图和堆叠面积图都可以呈现不同分类的累加值。堆叠柱状图和堆叠面积图的差别在于堆叠面积图的轴上只能表示连续数据（时间或者数值堆叠柱状图的 X 轴上只能表示分类数据）。

分类数据的比较不要使用面积图，应该使用柱状图。

堆叠面积图也相当于将多个饼图集成在一起，比例随时间的变化趋势可以更直观地表示出来。

习题

一、单选题

1. 当类目数据较多且有多个层次的时候，利用（　　）能更清晰、层次化地展示数据的占比关系。

　　A. 饼图　　　　　　B. 堆叠柱状图　　　　　C. 矩形树图　　　　　D. 环形图

2. 下列哪个不是环形图的特点（　　）。

　　A. 其中有一个空洞

　　B. 环中的一段表示样本中的一部分数据

　　C. 可显示多个样本各部分所占的相应比例

　　D. 采用角度衡量比例大小

3. 与普通面积图对比，堆叠面积图的特点为（　　）。

　　A. 能够表现数据在一段时间、一个数据区间内的趋势

　　B. 侧重于表现不同时间段（数据区间）的多个分类累加值之间的趋势

　　C. 可显示各部分所占的相应比例

　　D. 可以将抽象的数据直观化

4. 关于饼图，下列哪个说法是错误的（　　）。

　　A. 饼图中的每一个楔形都代表着某个类别或数值

　　B. 数值大小与楔形角度成正比，总和180°

　　C. 所有楔形的总和应该代表整体，即100%

　　D. 有时楔形角度过小，数据标注会存在一定困难，无法兼顾美观，这使得饼图不太适合表示精确的数据

5. 关于矩形树图，下列哪个说法是错误的（　　）。

　　A. 是一种基于面积的可视化方式

　　B. 外部矩形代表父类别

　　C. 内部矩形代表子类别

　　D. 数值与板块的面积成非线性关系

二、判断题

1. 饼图适合用于表示精确的数据。　　　　　　　　　　　　　　　　　　　　（　　）

2. 饼图中所有楔形的总和应该代表整体。　　　　　　　　　　　　　　　　　（　　）

3. 不同于饼图采用的角度，环形图是通过各个弧形的长度衡量比例大小。　　　（　　）

4. 分类数据的比较应使用堆叠面积图，而不是堆叠柱状图。　　　　　　　（　　）

5. 堆叠柱状图在进行不同比例之间的变化的比较时，以及时间序列比较时是具有优势的。

　　　　　　　　　　　　　　　　　　　　　　　　　　　　　　　（　　）

三、填空题

1. 对比例数据进行可视化是为了寻找_____、_____、_____。

2. 堆叠柱形图的基本框架有_____、_____、_____、_____。

3. 堆叠柱状图实际应用中一般用_____表示比例。

4. 矩形树图的构成要素有_____、_____、_____。

5. 堆叠柱状图和堆叠面积图的差别在于堆叠面积图的 X 轴上只能表示_____，堆叠柱状图的 X 轴上只能表示_____。

四、问答题

1. 试着从互联网上找出更多饼图变体，并从可视化角度评价优劣。

2. 试着找到可以绘制矩形树图的工具软件。

3. 矩形树图的面积代表什么？

第5章 关系数据可视化

本章的内容是关系数据在大数据中的应用及图形表示方法，主要介绍数据关联性的处理与数据分布性的处理。

5.1 关系数据在大数据中的应用

大数据的一个重要价值是可以帮助人们找到变量之间的联系，发掘事物背后的因果。在进行大数据挖掘前的重要一步就是探索变量的相关关系，进而才能探索背后可能隐藏着的因果关系。

分析数据时，我们不仅可以从整体进行观察，还可以关注数据的分布，如数据间是否存在重叠或者是否毫不相干？还可以从更宽泛的角度观察各个分布数据的相关关系。其实最重要的是数据在进行可视化处理后，所呈现的图表所表达的意义是什么。

关系数据具有关联性和分布性。下面通过实例具体讲解关系数据，以及如何观察数据间的相关关系。

5.2 数据关联性的可视化

数据的关联性，即数据相关性，是指数据之间存在某种关系。数据相关分析具有可以快捷、高效地发现事物间内在关联的优势，可以有效地应用于推荐系统、商业分析、公共管理、医疗诊断等领域。

事物之间的关联性是比较容易被发现的，但是关联并不代表存在因果关系。比如，大豆的价格上涨，猪肉的价格可能也会上涨，但是大豆的价格上涨可能并不是猪肉上涨的原因。尽管如此，关联性还是能带来巨大价值的，比如大豆的价格已经上涨了，那我们就可以抓紧时间囤一些猪肉，这样往往能省下一笔钱，至于背后是否存在因果关系，就没那么重要了。大数据可视化就是在告诉我们分析结果是"什么"，而不是"为什么"。

数据的关联性，其核心就是指量化的两个数据间的数理关系。关联性强，是指当一个数值变化时，另一个数值也会随之相应地发生变化。相反地，关联性弱，就是指当一个数值变化时，另一个数值几乎没有发生变化。通过数据关联性，就可以根据一个已知的数值变化来预测另一个数值的变化。下面通过散点图、散点图矩阵、气泡图来研究这类关系。

5.2.1 散点图

第 3 章中已经介绍了以时间为横轴的散点图，这类散点图可以理解为用于发现数据和时间之间的关联关系。将横轴替换为其他变量，就可以用于比较跨类别的聚合数据。一般有三种关系：正相关、负相关和不相关，如图 5-1 所示。正相关时，横轴数据和纵轴数据变化趋势相同；负相关时，横轴数据和纵轴数据变化趋势相反；不相关时，散点的排列则是杂乱无章的。在统计学中有更科学的方法（比如相关系数）衡量两个变量的相关性，但是散点图往往是判断相关性的最简单、最直观的方法，在计算相关系数前通常依靠散点图做出初步判断。

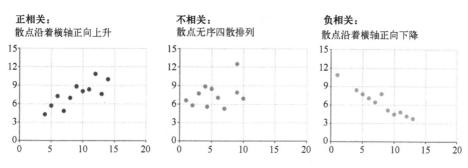

图 5-1 散点图与相关性判断示例

使用散点图时要注意几个问题：

1）当要在不考虑时间的情况下比较大量数据点时，常使用散点图。

2）即便自变量为连续性变量，仍然可以使用散点图。

3）如果在散点图中有多个序列，考虑将每个点的标记形状更改为方形、三角形、菱形或其他形状。

4）散点图中包含的数据越多，比较的效果就越好。

5.2.2 散点图矩阵

散点图矩阵是借助两变量散点图的作图方法，它可以看作是一个大的图形方阵，其每一个非主对角元素的位置上是对应行的变量与对应列的变量的散点图，而主对角元素位置上是各变量名。

借助散点图矩阵可以清晰地看到所研究的多个变量两两之间的相关关系。其基本框架如图 5-2 所示。

5.2.3 气泡图

气泡图和散点图相比，多了一个维度的数据。气泡图就是将散点图中没有大小的"点"变成有大小的"圆"，圆的大小就可以用来表示多出的那一维数据的大小。气泡图可以同时比较三个变量，其基本框架如图 5-3 所示。

一个具体的例子如图 5-4 所示。二手车的价格由车龄和里程来决定，可以看出，两个指标越小，气泡越大，代表价格越高，反之则反。

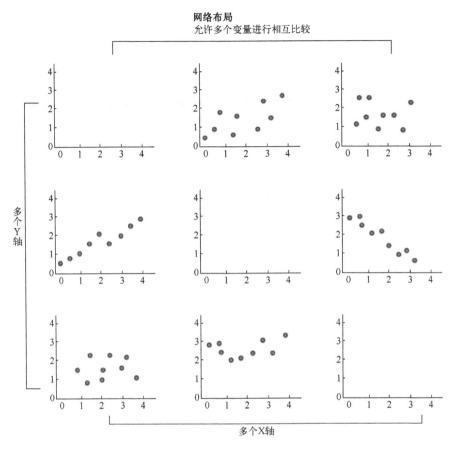

图 5-2　散点图矩阵基本框架

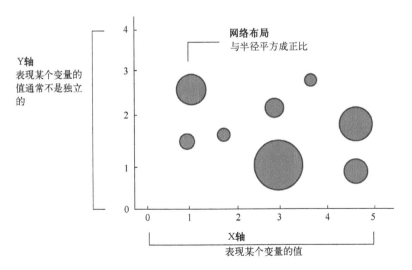

图 5-3　气泡图基本框架

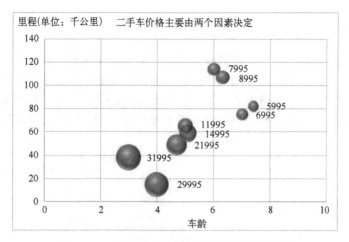

图 5-4　二手车车龄、里程与价格关系气泡图

5.3　数据分布性的可视化

数据分布性有三种基础的可视化方法。茎叶图完整反映了数据的原貌，直方图反映了数据的频数，密度图更直观地刻画出数据分布频率。

5.3.1　茎叶图

茎叶图又称"枝叶图"，是由 20 世纪早期的英国统计学家阿瑟·鲍利（Arthur Bowley）设计的。1997 年统计学家约翰·托奇（John Tukey）在其著作《探索性数据分析》（Exploratory Data Analysis）中将这种绘图方法介绍给大家，从此这种作图方法变得流行起来。茎叶图示例如图 5-5 所示。

茎叶图的思路是将数组中的数按位数进行比较，将数的大小基本不变或变化不大的位作为一主干（茎），将变化大的位的数作为分枝（叶），列在主干的后面，这样就可以清楚地看到每个主干后面的数的个数，每个数具体是多少。

茎叶图是一个与直方图相类似的特殊工具，但又与直方图不同，茎叶图保留原始资料的信息，直方图则失去原始资料的信息。将茎叶图茎和叶逆时针方向旋转 90 度，实际上就是一个直方图，可以从中统计出次数，计算出各数据段的频率或百分比。从而看出分布是否与正态分布或单峰偏态分布逼近。

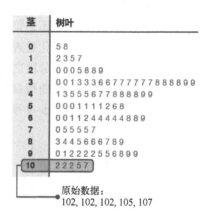

图 5-5　茎叶图示例

茎叶图的优点是统计图上没有原始数据信息的损失，所有数据信息都可以从茎叶图中得到。茎叶图中的数据还可以随时记录，随时添加，方便记录与表示。

茎叶图的缺点是只便于表示个位之前相差不大的数据，而且茎叶图只方便记录两组的数据。

5.3.2 直方图

直方图与茎叶图类似，若逆时针翻转茎叶图，则行就变成列；若是把每一列的数字改成柱形，则得到了一个直方图。直方图又称质量分布图，是数值数据分布的精确图形表示。直方图中的柱形高度表示的是数值频率，柱形的宽度是取值区间。水平轴和垂直轴与一般的柱形图不同，它是连续的；而一般的柱形图的水平轴是分离的，如图5-6所示。

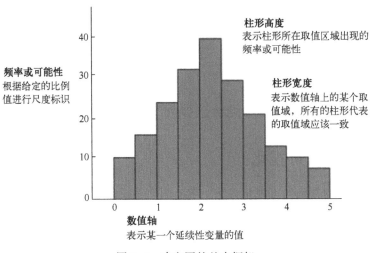

图5-6 直方图的基本框架

5.3.3 密度图

直方图反映的是一组数据的分布情况，直方图的水平轴是连续性的，整个图表呈现的是柱形，用户无法获知每个柱形的内部变化。而在茎叶图中，用户可以看到具体数字，但是需要比较数值间的差距大小并不是很明确。为了呈现更多的细节，人们提出了密度图，可用它对分布的细节变化进行可视化处理。

当直方图分段放大时，分段之间的组距就会缩短，此时依着直方图画出的折线就会逐渐变成一条光滑的曲线，这条曲线就称为总体的密度分布曲线。这条曲线可以反映数据分布的密度情况，其基本框架如图5-7所示。

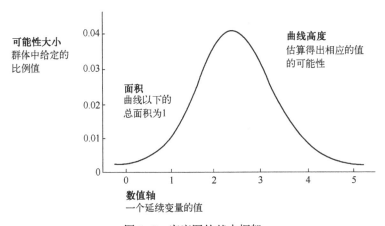

图5-7 密度图的基本框架

习题

一、选择题

1. 在数据可视化中，当要在不考虑时间的情况下比较大量数据点时，常使用_____。
   A. 散点图　　　　　B. 茎叶图　　　　　C. 直方图　　　　　D. 密度图

2. 比较跨类别的聚合数据，一般可以有_____种关系。
   A. 2　　　　　　　B. 3　　　　　　　C. 4　　　　　　　D. 5

3. 以下哪个类别的图不能用于研究数据的分布性_____。
   A. 散点图　　　　　B. 茎叶图　　　　　C. 直方图　　　　　D. 密度图

4. 气泡图可以让我们同时比较_____种数据之间的关系。
   A. 2　　　　　　　B. 3　　　　　　　C. 4　　　　　　　D. 5

5. 密度图曲线与 X 轴之间的面积大小为_____。
   A. 数据总量×(最高数据+最低数据)/2　　　B. 数据总量×(最高数据+最低数据)
   C. 0.5　　　　　　　　　　　　　　　　　D. 1

二、判断题

1. 茎叶图的优点是统计图上没有原始数据信息的损失，所有数据信息都可以从茎叶图中得到。（　　）

2. 散点图中包含的数据越多，比较的效果就越差。（　　）

3. 茎叶图的思路是将数组中的数按位数进行比较，将数的大小基本不变或变化不大的位作为一分枝（叶），将变化大的位的数作为主干（茎）。（　　）

4. 数据的关联性，其核心就是指量化的两个数据间的数理关系。（　　）

5. 事物之间的关联性是比较容易被发现的，但是关联并不代表存在因果关系。（　　）

三、填空题

1. 在散点图中，数据之间正相关时，横轴数据和纵轴数据变化趋势相同；负相关时，横轴数据和纵轴数据变化趋势_____。

2. 当直方图分段放大时，分段之间的组距就会缩短，此时依着直方图画出的折线就会逐渐变成一条光滑的曲线，这条曲线就称为总体的_____。

3. 茎叶图是一个与直方图相类似的特殊工具，但又与直方图不同，茎叶图_____原始资料的信息，直方图则失去原始资料的信息。

4. 气泡图依靠气泡的_____反映除 X 轴 Y 轴外第三维度的信息。

5. 直方图反映的是一组数据的分布情况，直方图的水平轴是连续性的，整个图表呈现的是柱形，用户无法获知每个柱形的内部变化。而在茎叶图中，用户可以看到具体数字，但是要求比较数值间的差距大小并不是很明确。为了呈现更多的细节，人们提出了_____，可用它对分布的细节变化进行可视化处理。

四、问答题

1. 对于原始数据，如何初步判断关联性？
2. 直方图中面积有何意义？
3. 查询资料，找到一些常见的密度图，并解释它们的含义。

第6章
文本数据可视化

文本数据信息密度较低，在可视化之前需要进行一定处理，提取出最能代表文本的信息。本章将先介绍文本数据的获取，然后介绍不同文本和需求对应的可视化方法。

6.1 文本数据在大数据中的应用及提取

本节主要介绍文本大数据有何应用，以及文本大数据收集方法。

6.1.1 文本数据在大数据中的应用

从文字出现以来，人类社会就在不断地积累文本信息，计算机时代到来之前，这些文字信息多以书籍、纸媒等形式记录在纸上。随着计算机的发明和普及，越来越多的文本数据也被数字化。以前能占满一整座图书馆的文本信息，现在可以轻松存储在一小块硬盘里。

除了这些历史积累下的文本外，互联网上还会每天生成海量文本数据。互联网的出现实际上为人类提供了一个新的活动维度，博客、微博、推特等社交媒体应运而生，每个用户都可以创作并发布文本信息，这些文本被称作"用户生成内容"（User Generated Content）。在互联网上，每天都有海量的数据被用户创作出来，文本数据占很大一部分。

从人文研究到政府决策，从精准医疗到量化金融，从客户管理到市场营销，这些海量的文本作为最重要的信息载体之一，处处发挥着举足轻重的作用。但是单凭人力又难以处理积累下来的庞杂的文本，因此使用大数据和深度学习技术来理解文本、提炼信息一直是研究的热点。鉴于对文本信息需求的多样性，可以从不同层级提取与呈现文本信息。一般把对文本的理解需求分为三级：词汇级（Lexical Level）、语法级（Syntactic Level）和语义级（Semantic Level）。有不同的信息挖掘方法来支持对应层级信息的挖掘。一般来说，词汇级使用各类分词算法，语法级使用一些句法分析算法，语义级则使用主题提取算法。

大数据中的文本可视化基本流程如图6-1所示。

文本数据大致可分为三种：单文本、文档集合和时序文本数据。对应的文本可视化也可分为：文本内容的可视化、文本关系的可视化、文本多层面信息的可视化。文本内容可视化是对文本内的关键信息分析后的展示；文本关系的可视化既可以对单个文本进行内部的关系展示，也可以对多个文本进行文本之间的关系展示；文本多特征信息的可视化，是结合

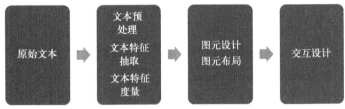

图6-1　文本可视化基本流程

文本的多个特征进行全方位的可视化展示。

6.1.2 使用网络爬虫提取文本数据

上一小节提到社交软件每天都有大量的用户生成内容，比如用户自己发布的微博，在别人微博下面的评论等。这些文本数据中蕴藏的信息能够指导营销活动、政府政策等。对于这些社交软件的提供商来说，可以直接从数据库中得到这些数据，但是他们并不一定会对公众开放这些数据库，于是网络爬虫技术就显得格外重要了。

网络爬虫（Web Crawler）是指一类能够自动化访问网络并抓取某些信息的程序，有时候也被称为"网络机器人"。它们最早被应用于互联网搜索引擎及各种门户网站的开发中，现在也是大数据和数据分析领域中的重要角色。爬虫可以按一定逻辑大批量采集目标页面内容，并对数据做进一步的处理，人们借此能够更好更快地获得并使用他们感兴趣的信息，从而方便地完成很多有价值的工作。

严格地说，一个只处理单个静态页面的程序（比如下载某一个网页）并不能称之为"爬虫"，只能算是一种最简化的网页抓取脚本。实际的爬虫程序所要面对的任务经常是根据某种抓取逻辑，重复遍历多个页面甚至多个网站。这可能也是爬虫（蜘蛛）这个名字的由来——就像蜘蛛在网上来回爬行一样。在处理当前页面时，爬虫就应该确定下一个将要访问的页面，下一个页面的链接地址有可能就在当前页面的某个元素中，也可能是通过特定的数据库读取（这取决于爬虫的爬取策略），通过从"爬取当前页"到"进入下一页"的循环，实现整个爬取过程。正是由于爬虫程序往往不会满足于单个页面的信息，网站管理者才会对爬虫如此忌惮——因为同一段时间内的大量访问总是会威胁到服务器负载。这提醒我们在用爬虫抓取数据时需要注意抓取频率，不要影响网站的正常运行，否则会被视为对目标网站的攻击行为。

大部分编程语言都可以实现爬虫程序的编写，也有部分商业软件提供爬虫服务。目前比较流行的就是用 Python 编写爬虫，有大量的第三方库可以使用，常见的有 Request、urllib、Scrapy 等。其中 Scrapy 库提供了比较完善的爬虫框架，如图 6-2 所示，可以省去很多麻烦。

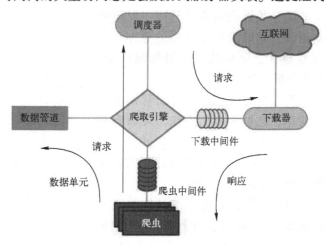

图 6-2 Scrapy 爬虫基本框架

6.2 文本内容可视化

一段文本的内容可以用高频词、短语、句子、主题等代表，但是文本可视化遇到的任务通常是对有海量文本的集合进行可视化分析，针对不同类型的文本集合，我们有不同的方法来进行可视化分析。

6.2.1 关键词可视化

一个词语若在一个文本中出现频率较高，那么这个词语可能就是这个文本的关键词。在实际应用当中还要考虑到这些词是否在其他文本中也经常出现，例如"的"等词语，在中文文本中很常见，但没有蕴含什么信息，应该在统计中被忽略。一般做法是构建一个停用词表，在分词阶段就将这些词去除。除了停用词表外，还可以进一步采用 TF-IDF（Term Frequency-Inverse Document Frequency）方法来计算词语对表达文本信息的重要程度。其中 TF（Term Frequency）指词语在目标文本的出现频率，计算公式为：词语在目标文本出现的次数/目标文本总词数。IDF（Inverse Document Frequency）是逆文件频率，其简单的计算公式为：IDF=log（目标文档集合的文档总数/包含该词的文档总数+1）。TF-IDF 指标就是将 TF 和 IDF 相乘得到的，该指标综合考虑了一个词语在目标文本和其他文本中出现的频率。从公式可以发现一个词在目标文本中出现的频率越高，在其他文本中频率越低，其 TF-IDF 权重就越高，越能代表这个目标文本的内容。

标签云是一种常见的关键词可视化方法，制作标签云主要分为两步：

1）统计文本中词语出现频率、TF-IDF 等指标来衡量词语的重要程度，提取出权重较高的关键词。

2）按照一定规律将这些词展示出来，可以用颜色透明度的高低、字体的大小来区分关键词的重要程度，要遵循权重越高，越能吸引注意力的原则。一般权重越大，字体越大，颜色越鲜艳，透明度越低，如图 6-3 所示。

标签云在媒体宣传、商家营销中被广泛应用，已被大众所熟知，可以算是文本内容可视化中最经典的形式。这里还要介绍另外一种文本可视化形式：文档散（DocuBurst）。

文档散使用词汇库中的结构关系来布局关键词，同时使用词语关系网中具有上下语义关系的词语来布局关键词，从而揭示文本内容。上下语义关系是指词语之间往往存在语义层级的关系，也就是说，一些词语是某些词语的下义词。

图 6-3　标签云示例

而在一篇文章中，具有上下语义关系的词语一般是同时存在的。

文档散的生成过程如下。

1）将一个单词作为中心点。中心点的词汇可以由用户指定，选择不同的中心点词汇呈现出的可视化结果将大不相同；

2）将整个文章内的词语呈现在一个放射式层次圆环中，外层的词是内层词的下义词。

颜色饱和度的深浅用来体现词频的高低。

可以看到文档散与标签云最大的不同是引入了语义信息，使文本内容的呈现更具有逻辑。一个例子如图 6-4 所示。

6.2.2　时序文本可视化

时序文本具有时间性和顺序性，比如，新闻会随着时间变化，小说的故事情节会随着时间变化，网络上对某一新闻事件的评论会随着真相的逐步揭露而变化。对具有明显时序信息的文本进行可视化时，需要在结果中体现这种变化。下面将介绍三种"流图"来满足这种可视化需求。

主题河流（ThemeRiver）是由 Susan Havre 等学者于 2000 年提出的一种时序数据可视化方法，主要用于反映文本主题强弱变化的过程。

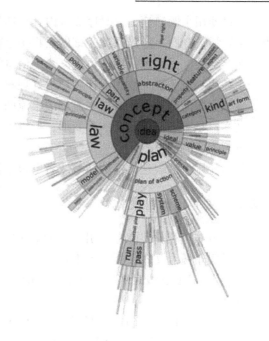

图 6-4　文档散示例

经典的主题河流模型包括以下两个属性。

1）颜色。颜色用以区分主题的类型，相同主题用相同颜色的涌流表示。主题过多时颜色可能无法满足需求，因为容易区分的颜色种类并不是很多。一个解决方法是将主题也进行分类，一种颜色表示某一大类主题。

2）宽度。表示主题的数量（或强度），涌流的状态随着主题的变化，可能扩展、收缩或者保持不变。

图 6-5 所示的主题河流可视化示例，横轴表示时间，河流中的不同颜色的涌流表示不同的主题，涌流的流动表示主题的变化。在任意时间点上，涌流的垂直宽度表示主题的强弱。

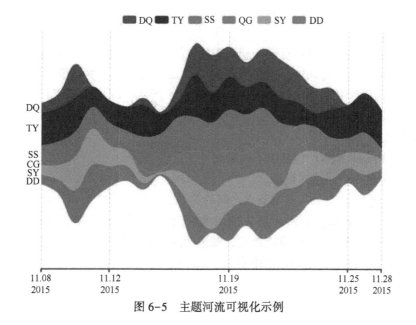

图 6-5　主题河流可视化示例

通过使用主题河流图，时序文本内容整体的变化趋势就能很容易地被用户获取。可以看出，主题河流存在一定局限性，该做法将每个时间刻度上的主题高度概括为一个数值，省略了主题的特性，无法满足用户再进一步的信息需求。一个较好的做法是为主题引入标签云，每个主题用一组关键词描述，让用户更好理解主题内容。

除了主题河流外，还有文本流和故事流两种可视化方法。

文本流是主题河流的又一种变形，可以表达主题变化，以及随着时间流动，各个主题之间的分裂和合并信息。

故事流则可以表达文本的情节或者电影中的情节。

6.2.3　文本分布可视化

文本分布可视化实际上是引入了词语在文本当中的位置、句子长度等信息，这些信息常被制作成文本弧。文本弧特性如下：

1）用一条螺旋线表示一篇文章，螺旋线的首尾对应着文章的首尾，文章的词语有序地分布在螺旋线上。

2）若词语在整篇文章中出现得比较频繁，则靠近画布的中心区域分布。

3）若词语只是在局部出现得比较频繁，则靠近螺旋线分布。

4）字体的大小和颜色深度代表着词语的出现频率。

6.3　文本关系可视化

文本关系包括文本内或者文本间的关系，以及文本集合之间的关系，文本关系可视化的目的就是呈现这些关系。文本内的关系有词语的前后关系；文本间的关系有网页之间的超链接关系、文本之间内容的相似性、文本之间的引用等；文本集合之间的关系是指文本集合内容的层次性等关系。

1. 基于图的文本关系可视化

（1）词语树

词语树（Word Tree）使用树形图展示词语在文本中的出现情况，可以直观地呈现出一个词语和其前后的词语。用户可自定义感兴趣的词语作为中心节点。中心节点向前扩展，就是文本中处于该词语前面的词语；中心节点向后扩展，就是文本中处于该词语后面的词语。字号大小代表了词语在文本中出现的频率。如图 6-6 所示，图中采用了词语树的方法来呈现一个文本中 Child 这个词与其相连的前后所有的词语。

（2）短语网络

短语网络（Phrase Nets）包括以下两种属性。

1）节点，代表一个词语或短语。

2）带箭头的连线，表示节点与节点之间的关系，这个关系需要用户定义，比如，"A is B"，其中的 is 用连线表示，A 和 B 是 is 前后的两个节点词语。A 在 is 前面，B 在 is 后面，那么箭头就由 A 指向 B。连线的宽度越宽，就说明这个短语在文中出现的频率越高。

如图 6-7 所示，图中使用短语网络对某小说中的 " * the * " 关系进行可视化。

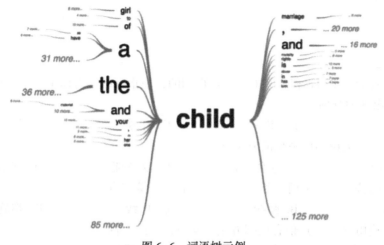

图 6-6　词语树示例

图 6-7　短语网络示例

2. 文档间关系可视化

当对多个文档进行可视化展示时，针对文本内容进行可视化的方法就不适合了。此时可以引入向量空间模型来计算出各个文档之间的相似性，单个文档被定义成单个特征向量，最终以投影等方式来呈现各文档之间的关系。

（1）星系视图

星系视图（Galaxy View）可用于表征多个文档之间的相似性。假设一篇文档是一颗星星，每篇文档都有其主题，将所有文档按照主题投影到二维平面上，就如同星星在星系中一样。文档的主题越相似，星星之间的距离就越近；文档的主题相差越大，星星之间的距离就越远。星星聚集得越多，就表示这些文档的主题越相近，并且数量较多；若存在多个聚集点则说明文档集合中包含多种主题的文档。

（2）文档集抽样投影

当一个文档集中包含的文档数量过大时，投影出来的星系视图中就会产生很多重叠的星星。为了避免这种重叠情况的出现，用户可以对文档集进行抽样，有选择性地抽取部分文档进行投影，这样可以更加清晰地显示每个样本。

习题

一、单选题

1. TF-IDF 指标是将 TF 和 IDF （　　　） 得到的，该指标综合考虑了一个词语在目标文本和其他文本中出现的频率。

    A. 相加　　　　　　B. 相减　　　　　　C. 相乘　　　　　　D. 相除

2. 以下哪项是关键词可视化的方法 （　　　）。

    A. 文档散　　　　　B. 主体河流　　　　C. 文本流　　　　　D. 词语树

3. 文本弧的特性之一是用一条（　　　） 来表示一篇文章。

    A. 直线　　　　　　B. 弧线　　　　　　C. 虚线　　　　　　D. 螺旋线

4. 语义级使用 （　　　） 信息挖掘方法来支持信息的挖掘。

    A. 各类分词算法　　B. 句法分析算法　　C. 主题提取算法　　D. 语义提取算法

5. 以下哪个不是文本关系可视化的方法 （　　　）。

    A. 词语树　　　　　B. 短语网络　　　　C. 星系视图　　　　D. 文档散法

二、判断题

1. 一个词语若在一个文本中出现频率较高，那么这个词语就是这个文本的关键词。

         （　　　）

2. 一般来讲，标签云中关键词的权重越大，则其字体越大，颜色越鲜艳，透明度越低。

         （　　　）

3. 在文本弧中，若词语只是在局部出现得比较频繁，则其靠近螺旋线分布。　（　　　）

4. 一个只处理单个静态页面的程序 （比如下载某一个网页） 是网络爬虫。　（　　　）

5. 短语网络包括节点和直线两种属性。　　　　　　　　　　　　　　　（　　　）

三、填空题

1. 关键词可视化常用的两种方法为＿＿＿＿和＿＿＿＿。

2. 时序文本可视化的常用的三种流图分别为＿＿＿＿、＿＿＿＿和＿＿＿＿。

3. 时序文本具有＿＿＿＿和＿＿＿＿。

4. 文本可视化可分为：＿＿＿＿、＿＿＿＿、＿＿＿＿。

5. 文本关系可视化的目的是＿＿＿＿。

四、问答题

1. 什么是爬虫？它有什么作用？

2. 有哪些工具可以生成词云图？

3. 写出 TF-IDF 的计算公式。

第7章
复杂数据可视化

目前，真实世界与虚拟世界越来越密不可分。根据最新发布的《IDC 全球大数据 支出指南》（Worldwide Big Data and Analytics Spending Guide，2020V2）中 IDC 的预测，2020 年，全球大数据相关硬件、软件、服务市场的整体收益将达到 1878.4 亿美元，较 2019 年同比增长 3.1%。IDC 认为，在 2020—2024 年预测期间内，全球大数据技术与服务相关收益将实现 9.6% 的 CAGR（年均复合增长率），预计 2024 年将达到 2877.7 亿美元。如此庞大的产业推动着移动互联网、物联网等领域信息的产生和流动，越来越多的复杂且瞬息万变的数据被记录和研究，如视频影像数据、传感器网络数据、社交网络数据维时空数据等。对此类具有高复杂度的高维多元数据进行解析、呈现和应用是数据可视化面临的新挑战。

对高维多元数据进行分析的困难如下：

1）数据复杂度大大增加。复杂数据包括非结构化数据和从多个数据源采集、整合而成的异构数据，传统单一的可视化方法无法支持对此类复杂数据的分析。

2）数据的量级大大增加。复杂数据的量级已经超过了单机、外存模型甚至小型计算集群处理能力的上限，需要采用全新思路来解决大尺度的调整。

3）在数据获取和处理过程中，不可避免地会产生数据质量的问题，其中特别需要关注的是数据的不确定性。

4）数据快速动态变化，常以流式数据形成存在，对流式数据的实时分析与可视化技术还存在一定问题。

面对以上挑战，对二维和三维数据可以采用一种常规的可视化方法表示，将各属性的值映射到不同的坐标轴，并确定数据点在坐标系中的位置。这样的可视化设计就是之前介绍过的散点图。当维度超过三维后，就需要增加更多视觉编码来表示其他维度的数据，如颜色、大小、形状等，如图 7-1 所示的气泡图就采

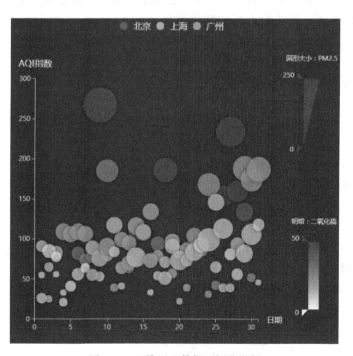

图 7-1　三维以上数据可视化举例

用了颜色来代表城市，大小来代表 PM2.5 浓度，颜色的明暗程度来代表二氧化硫浓度。视觉编码的增多会使可视化的效果变差，而且能增加的表示维度有限，这种方法还是有局限性。

本章主要介绍针对数据的高维、大尺度、异构以及不确定性这四个特性的可视化方法。

7.1　高维多元数据在大数据中的应用

高维多元数据指每个数据对象有两个或两个以上独立或者相关属性的数据。高维（Multidimensional）指数据具有多个独立属性，多元（Multivariate）指数据具有多个相关属性。若要科学、准确地描述高维多元数据，则需要数据同时具备独立性和相关性。在很多情况下，数据的独立性很难判断，所以一般简单称之为多元数据。例如，笔记本电脑的屏幕、CPU、内存、显卡等配置信息就是一个多元数据，每个数据都描述了笔记本电脑的某一方面的属性。可视化技术常被用于多元数据的理解，进而辅助分析和决策。

7.1.1　空间映射法

根据映射方式的不同，有四种空间映射法。

1. 散点图

散点图的本质是将抽象的数据对象映射到二维坐标表示的空间。若处理的是多元数据，散点图的概念可理解成：在二维的平面空间中，采用不同的空间映射方法对高维数据进行布局，这些数据的关联以及数据自身的属性在不同位置得到了展示，而整个数据集在空间中的分布则反映了各维度间的关系及数据集的整体特性。

前面章节介绍过散点图和散点图矩阵，散点图矩阵是散点图的扩展（见图 7-2）。对于 N 维数据，采用 N^2 个散点图逐一表示 N 个属性之间的两两关系，这些散点图根据它们所表示的属性，沿横轴和纵轴按一定顺序排列，进而组成一个 N×N 的矩阵。随着数据维度的不断扩展，所需散点图的数量将呈几何级数的增长，而将过多的散点图显示在有限的屏幕空间中则会极大地降低可视化图表的可读性。因此，目前比较常见的方法就是交互式地选取用户关注的属性数据，进行分析和可视化。通过归纳散点图特征，优先显示重要性较高的散点图，也可以在一定程度上缓解空间的局限。

2. 表格透镜

表格透镜（Table Lens）是对使用表格呈现多元数据（如 Excel 等软件）方法的扩展。该方法并不直接列出数据在每个维度上的值，而是将这些数值用水平横条或者点表示。表格透镜允许用户对行（数据对象）和列

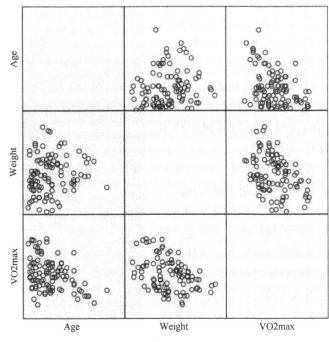

图 7-2　散点图矩阵示例

（属性）进行排序，用户也可以选择某一个数据对象的实际数值。如图 7-3 所示，表格透镜清晰地呈现了数据在每个属性上的分布和属性之间的相互关系。

Region	Population ages 0-14 ...	Population ages 15-64...	Population ages 65 an...	Life expectancy at birt...	Fertility rate
Japan	13	66	22	80	1.4
Germany	14	66	20	80	1.4
Italy	14	66	20	81	1.4
Greece	14	67	18	80	1.5
Sweden	17	65	18	81	1.9
Portugal	15	67	18	79	1.3
Latvia	14	69	17	73	1.3
Austria	15	67	17	80	1.4
Bulgaria	14	69	17	73	1.6
Belgium	17	66	17	80	1.8
Finland	17	66	17	80	1.9
Croatia	15	67	17	76	1.5
Estonia	15	68	17	75	1.6
Spain	15	68	17	82	1.4
France	18	65	17	82	2.0
Switzerland	15	68	17	82	1.5
United Kingdom	17	66	16	81	1.9
Hungary	15	69	16	75	1.3
Slovenia	14	70	16	80	1.5
Denmark	18	65	17	80	1.7
Channel Islands	15	69	16	80	1.4
Lithuania	15	68	18	73	1.6
Ukraine	14	70	16	68	1.5

图 7-3　表格透镜示例

3. 平行坐标

平行坐标能够在二维空间中显示更高维度的数据，它以平行坐标替代垂直坐标，是一种重要的多元数据可视化分析工具。平行坐标不仅能够揭示数据在每个属性上的分布，还可描述相邻两个属性之间的关系。但是，平行坐标很难同时表现多个维度间的关系，因为其坐标轴是顺序排列的，不适合于表现非相邻属性之间的关系。一般地，交互地选取部分感兴趣的数据对象并将其高亮显示，是一种常见的解决方法。另外，为了便于用户理解各数据维度间的关系，也可更改坐标轴的排列顺序。图 7-4 所示为平行坐标示例。

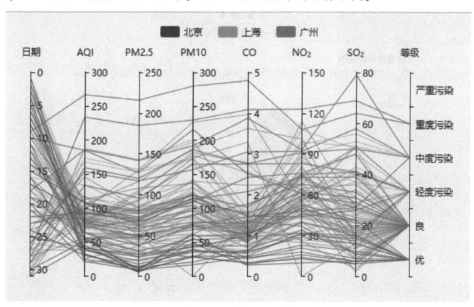

图 7-4　平行坐标示例

4. 降维

当数据维度非常高时（如超过 50 维），目前的各类可视化方法都无法将所有的数据细节清晰地呈现出来。在这种情况下，我们可通过线性/非线性变换将多元数据投影或嵌入低维空间（通常为二维或三维）中，并保持数据在多元空间中的特征，这种方法被称为降维（Dimension Reduction）。降维后得到的数据即可用常规的可视化方法进行信息呈现。

7.1.2 图标法

图标法的典型代表是星形图（Starplots），也称雷达图（Radar Chart）。星形图可以看成平行坐标的极坐标形式，数据对象的各属性值与各属性最大值的比例决定了每个坐标轴上点的位置，将这些坐标轴上的点折线连接围成一个星形区域，其大小和形状则反映了数据对象的属性，如图 7-5（星形图）和图 7-6（雷达图）所示。

图 7-5　星形图示例

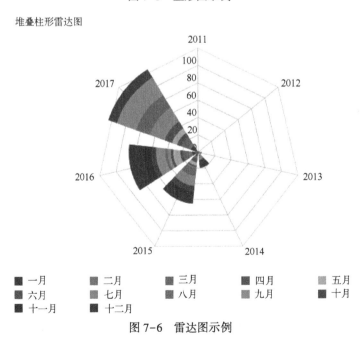

图 7-6　雷达图示例

7.2　非结构化数据可视化

非结构化数据的可视化不仅要关注可视化方式，也要关注数据的管理与存储，可根据 2.2.1 节有关内容选择数据组织工具。

7.2.1　基于并行的大尺度数据高分辨率可视化

复杂数据并不只有高维度数据，还包括异构数据等。异构数据是指在同一个数据集中存在的如结构或者属性不同的数据。存在多个不同种类节点和连接的网络被称为异构网络。异构数据通常可采用网络结构进行表达。在图 7-7 中，基于异构社交网络的本体拓扑结构表达了某组织网络中的多种不同类别的节点。由于数据量大并且复杂度高，不能直接使用网络点线图进行可视化（见图 7-7 左图）。因此，我们可以采用从异构网络中提炼出本体拓扑结构的策略（见图 7-7 右图），其中的节点是原来网络内的节点类型，连接相互之间存在关联的类别。以这个拓扑结构作为可视化分析的辅助导航，用户可以在图中加入特定类别的节点和连接，从而起到过滤的作用。

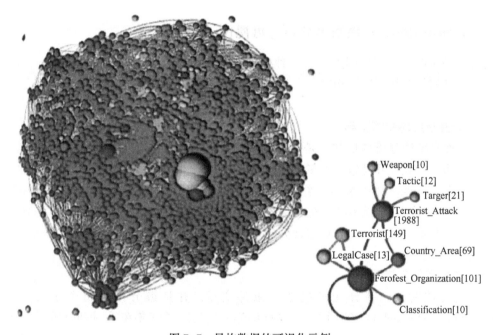

图 7-7　异构数据的可视化示例

产生数据的异构性的主要原因是数据源的获取方式不同。比如，微信用户数据不仅包括软件中点对点的聊天记录、GPS 位置数据，还包括用户的部分个人信息。这些来自不同数据源的数据通常具有不同的数据模型、数据类型和命名方法等，因此，合理地整合底层的数据至关重要。将数据整合为可视化模块，可为众多独立和异构的数据源获取数据提供透明且统一的访问接口，从而支持多种类型的数据源的查询和可视化显示。

全方位显示大尺度数据的所有细节是一个计算密集型的过程，处理大尺度数据的基本技术路线就是构建大规模计算集群。例如，美国的马里兰大学构建了一个 GPU 和 CPU 混合式高性能计算和可视化集群，其架构如图 7-8 所示。

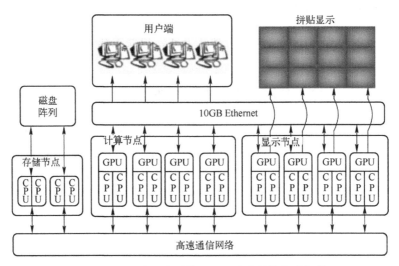

图 7-8　面向高性能计算和可视化的计算集群架构

7.2.2　分而治之的大尺度数据分析与可视化

可视化领域以及计算机图形学有一种标准方法叫作分治（Divide and Conquer）法，如二叉树、四叉树等空间管理结构等。本节将从统计、数据挖掘和可视化等几个领域介绍分而治之的概念。

1. 统计分析层的分而重组

R 语言面向统计分析的底层，是一门开源语言。虽然 R 语言是基于单线程来运行的，但其可通过大量的软件开发包实现多核并行计算。然而，即使是并行的方式也并不能降低大尺度数据的分析难度。针对这个问题，目前一种比较新颖的思路就是将数据划分为多个子集，对这些子集使用相应的方法来进行可视化的操作，最后再合并总体结果，这种方式就称为分而重组。分而重组的核心思想包含拆分（Divide）和重合（Recombine）。其中，拆分包括以下两种算法。

（1）条件变量分割法

使用此方法时，一部分变量被选为条件变量，并且被分配到每个子集里。BSV（Between Subset-Variables）在不同子集中的取值各异，且一个子集在同一时间只能有一个 BSV 变量；WSV（Within-Subset Variables）则在同一个子集里取值。技术人员通过分析 WSV 伴随 BSV 的变化以及 WSV 之间的关系来确保分割的准确性。

（2）重复分割法

重复分割法中的数据被看作是包含 r 个变量的 n 个观察值，被认为是重复数。如果采用随机重复分割法对随机观察值不替换地产生子集，这种做法虽然处理速度快，但是各子集缺乏代表性。如果采用近邻剔除重复分割法，则 n 个观察值将被分割成拥有近乎相同观测值的邻居集合。

重合算法包括统计重合法、分析重合法以及可视化重合法。统计重合，也就是合成各个子集的统计值，通常，我们根据不同的分割算法如近邻剔除重复分割法等方法的效果对比，选择最优的重合方案；分析重合法主要是观察、分析和评估计算结果；可视化重合法则是以小粒度观察数据的方法，并使用了多种抽样策略，包括聚焦抽样和代表性抽样。

从应用角度看，R 语言实现了以上的分而重合的过程，并将代码作为输入放入一个并行框架中，因此，我们可以在 Hadoop 集群上基于 Mapreduce 框架实现该过程。

2. 数据挖掘层的分而治之

使用分而后合的方法对数据进行分类大体分为三个步骤：首先，输入数据或者文本信息，将输入数据等分成 n 份或者按规则划分；然后，对每份数据使用最适合的分类器进行分类，并将分类结果融合；最后，通过一个强分类器计算获取最终结果。

3. 数据可视化的分而治之

大规模科学计算的结果之所以适合采用多核并行模式和分而治之法进行处理，是因其通常体现为规则的空间型数据。标准的科学计算数据的并行可视化可采用计算密集型的超级计算机、计算集群和 GPU 集群等模式。目前比较流行的 Hadoop 和 Mapreduce 等处理框架通常被用来处理非空间型数据，MapReduce 框架应用于科学计算的空间型数据，这就意味着使用统一的分而治之的框架可以处理科学计算的空间型数据和非结构化数据。

习题

一、单选题

1. 以下选项不属于统计分析层的分治算法中重复分割法的是（　　）。
   A. 统计重合法　　　B. 分析重合法　　　C. 可视化重合法　　　D. 条件变量重合法
2. 以下选项不属于空间映射法的是（　　）。
   A. 散点图　　　B. 平行坐标　　　C. 雷达图　　　D. 降维
3. N 维数据的散点图矩阵所需的散点图数量是（　　）。
   A. N×N　　　B. 2×N　　　C. ⌈N/2⌉+1　　　D. 不确定
4. 以下不属于复杂数据实例的是（　　）。
   A. 一家人的存折流水数据　　B. 数分钟的视频影像数据
   C. 传感器网络数据　　D. 社交网络数据
5. 平行坐标图中不存在（　　）。
   A. 多个坐标轴　　　B. 垂直坐标　　　C. 多元数据　　　D. 高维数据

二、判断题

1. 笔记本电脑的屏幕、CPU、内存、显卡等配置信息就是一个多元数据。（　　）
2. 散点图的本质是将抽象的数据对象映射到二维坐标表示的空间。（　　）
3. 表格透镜是对使用表格呈现多元数据方法的扩展，通过直接列出数据在每个维度上的值来清晰地呈现数据在每个属性上的分布和属性之间的相互关系。（　　）
4. 通过降维方法可以直接得到数据的空间映射。（　　）
5. 分治能够较好地解决并行难以解决的大尺度数据分析问题。（　　）

三、填空题

1. 对高维多元数据进行分析的困难有_____、_____、_____、_____。
2. 在复杂数据可视化中处理的主要复杂数据类型包括_____和_____。

3. 处理非结构化数据可视化问题的思想有_____和_____。

4. 表格透镜允许用户对_____和_____进行排序，用户也可以选择某一个数据对象的实际数值。

5. 若要科学、准确地描述高维多元数据，则需要数据同时具备_____和_____。

四、问答题

1. 什么是高维多元数据？

2. 复杂数据可视化面临哪些挑战？

第三部分：大数据可视化工具及应用

第 8 章
Excel 数据可视化方法

    Microsoft Excel 是 1985 年 Microsoft 为使用 Windows 和 Apple Macintosh 操作系统的计算机编写的一款电子表格软件。直观的界面，强大的数据整理和计算能力、数据库管理能力、图形图表制作能力和网络化的数据共享能力，再加上成功的市场营销，使 Excel 成为最流行的个人计算机数据处理软件。在 1993 年，作为 Microsoft Office 的组件发布了 5.0 版之后，Excel 就开始成为所适用操作平台上的主流电子制表软件。

    国内金山公司出品的 WPS 也有和 Excel 类似的功能，在办公数据处理领域也占有一定市场。

    除了 Excel 外，微软公司还推出了商用版的 PowerBI，包含一系列更强大的数据处理与可视化的组件和工具，如图 8-1 所示。其中大部分的图表也可以在 Excel 上制作。

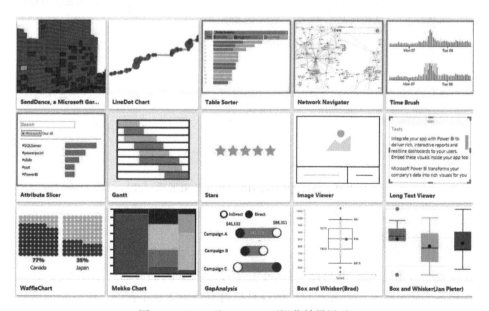

图 8-1　Excel 及 PowerBI 可视化效果展示

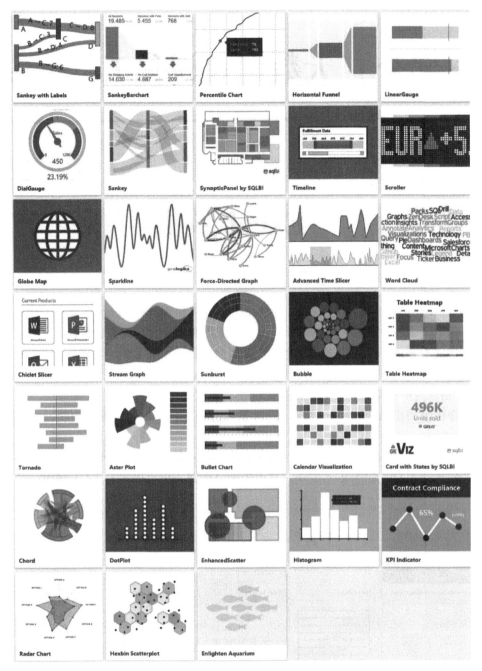

图 8-1　Excel 及 PowerBI 可视化效果展示（续）

8.1　Excel 界面介绍

在计算机"开始"菜单中选择"Excel"，将进入 Excel 的界面，如图 8-2 所示。Excel 的安装在此不多做说明，如果发现自己的计算机没有预装 Excel 套件，可以访问微软官方网址购买下载安装。

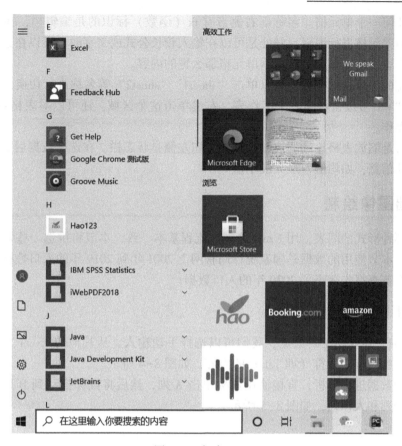

图 8-2　启动 Excel

启动后的 Excel 界面如图 8-3 所示。

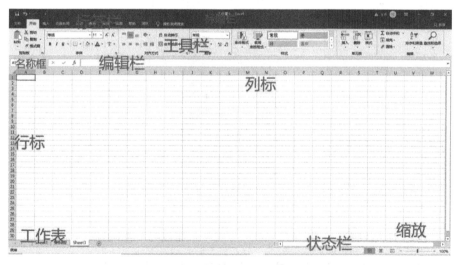

图 8-3　启动后的 Excel 界面

最上面是标题栏，显示正在编辑和打开的文件。下面依次是标签栏和功能区，标签栏可以切换不同的功能区，功能区里集成了 Excel 大部分操作需要用到的组件。

表格左上角的名称框是用来定位单元格的，字母表示的列标和数字表示的行标组合在一起可以表示任何一个单元格。名称框右侧带有 fx（函数）标识的是编辑栏，在这里可以对名称框选定的单元格进行编辑，好处是可以在输入较长公式或文字时，可以在这里看到其全貌，在单元格里直接编辑则会只展示单元格那么宽的内容。

底侧靠左的部分是工作表，可以单击"sheet1""sheet2"等名称进行切换，也可以单击名称左侧的"+"号按钮新建一个工作表。右键单击这个区域，还可以对表格进行重命名、更改颜色等操作。

底侧靠右是缩放表格比例的按钮，缩放按钮左侧是状态栏，在选中数据后这里会出现数据的一些统计信息，如均值、最大最小值等。

8.2 基础图像绘制

无论是哪种形式的图表，用 Excel 绘制的流程基本一致，本节将挑选一些常用的基础图表进行介绍。本节使用的数据是国家统计局官网上 2001 年到 2019 年的人口数据，此外还通过人口第七次普查报告获得了 2020 年的人口数据。

8.2.1 柱形图

打开 Excel，导入使用的数据，我们可以选择手动输入、从其他的 Excel 文档复制数据或从文本文件粘贴有制表符（即 Tab）的内容，如图 8-4 所示。

选取部分数据进行分析，直接使用鼠标单击 A 列，然后将鼠标拖动到 B 列即可，也就是选中了年份列和人口列，如图 8-5 所示。

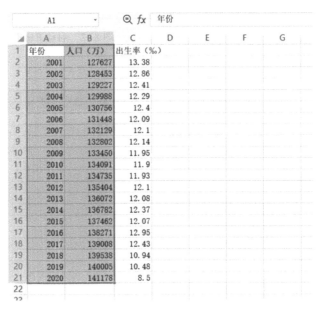

图 8-4　导入数据　　　　　　　　　图 8-5　选中数据

在已经选中相关数据的基础上，按次序依次单击插入→插入柱形图→簇状柱形图，即可生成一个原始的柱形图表，如图 8-6 所示。

此时图表并不能直接使用，还需要对它进行改动，首先右键单击图表，然后选择数据，如图 8-7 所示。

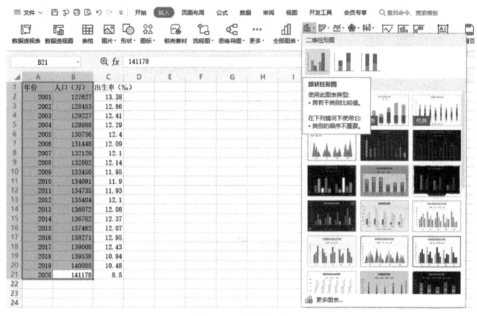

图 8-6　插入图表

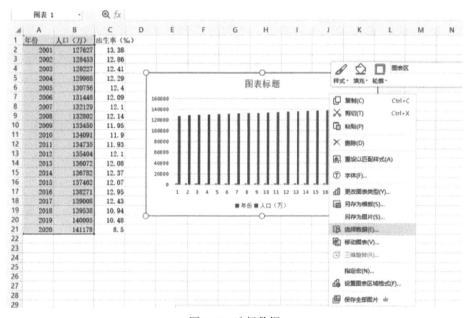

图 8-7　选择数据

在弹出的对话框里，可以发现年份也是柱形的一部分，这里需要将纵向上的年份删除，在系列中选中年份并单击删除，如图 8-8 所示。

此时，图表的横坐标为 1，2，3……，为了更换横坐标，我们单击轴标签（分类）旁边的编辑按钮，如图 8-9 所示。

为了选中年份当作横坐标，单击选择区域，如图 8-10 所示。

为了选中年份当作横坐标，在表格中选中对应的年份列，如图 8-11 所示。

此时轴标签已经显示选中了年份这一列数据对应的区域，单击"确定"按钮，如图 8-12 所示。

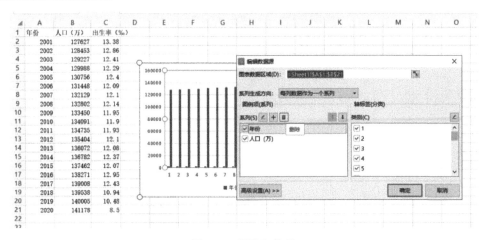

图 8-8　删除年份列

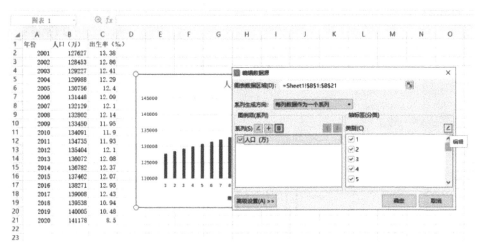

图 8-9　编辑轴标题

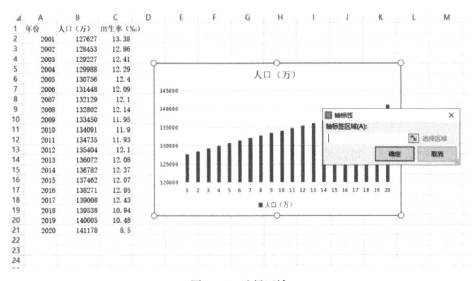

图 8-10　选择区域

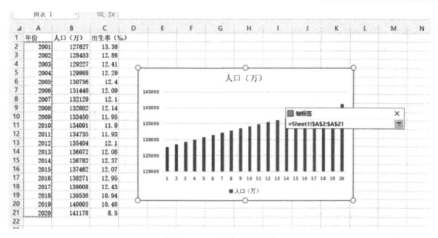

图 8-11　选中年份列

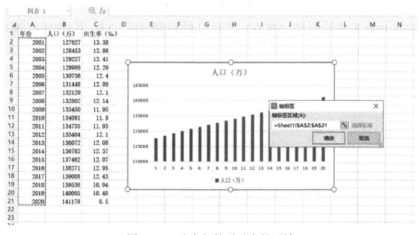

图 8-12　选中年份列对应的区域

此时可以看到横坐标已经变成了具体的年份，单击"确定"按钮，如图 8-13 所示。

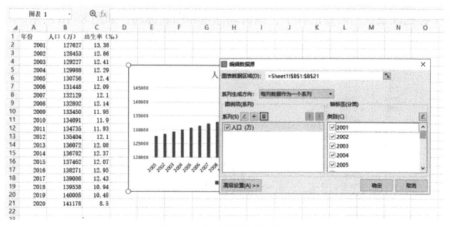

图 8-13　横坐标变成了年份

图表还有各个标题需要改动以及完善，左键单击该图表，然后单击出现的第一个按钮，如图 8-14 所示。

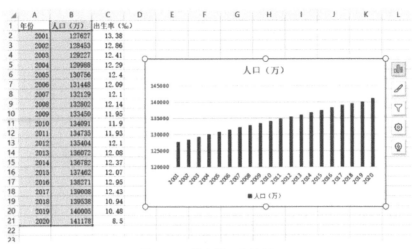

图 8-14　单击第一个按钮

此时的图表中尚未有轴标题的存在，为了让轴标题显示出来，勾选轴标题的按钮，如图 8-15 所示。

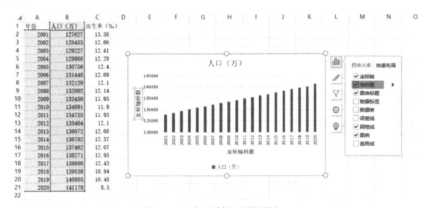

图 8-15　勾选轴标题的按钮

将各个标题改成我们需要的样子，编辑轴标题和图表标题，如图 8-16 所示。

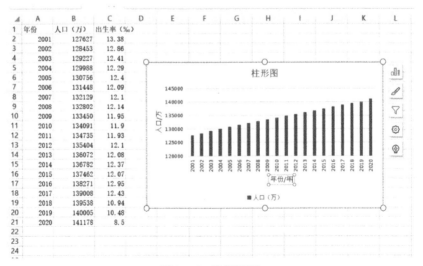

图 8-16　编辑标题

8.2.2　折线图

打开 Excel，导入使用的数据，同样可以选择手动输入、从其他的 Excel 复制数据或从文本文件粘贴有制表符（即 Tab）的内容。本小节继续使用上一小节的数据，如图 8-17 所示。

选取相应数据进行分析，按住〈Ctrl〉键可以同时选中不相邻的列，这里按住〈Ctrl〉键同时单击 A、C 两列，也就是年份和出生率列，如图 8-18 所示。

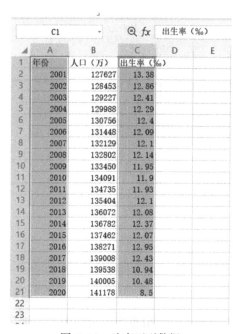

	A	B	C
1	年份	人口（万）	出生率（‰）
2	2001	127627	13.38
3	2002	128453	12.86
4	2003	129227	12.41
5	2004	129988	12.29
6	2005	130756	12.4
7	2006	131448	12.09
8	2007	132129	12.1
9	2008	132802	12.14
10	2009	133450	11.95
11	2010	134091	11.9
12	2011	134735	11.93
13	2012	135404	12.1
14	2013	136072	12.08
15	2014	136782	12.37
16	2015	137462	12.07
17	2016	138271	12.95
18	2017	139008	12.43
19	2018	139538	10.94
20	2019	140005	10.48
21	2020	141178	8.5
22			

图 8-17　导入数据

图 8-18　选中两列数据

以已经选中的数据为基础生成图表，单击插入，然后单击插入折线图，最后单击折线图，如图 8-19 所示。

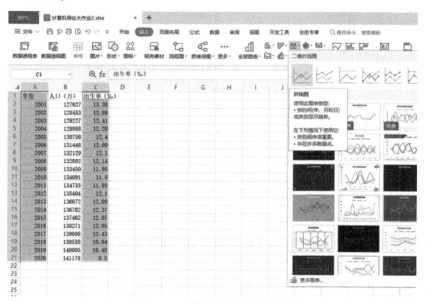

图 8-19　插入图表和折线图

可以看到此时已经生成了一个初始图表，该图表还需要细节上的修改。右键单击图表，单击选择数据，如图 8-20 所示。

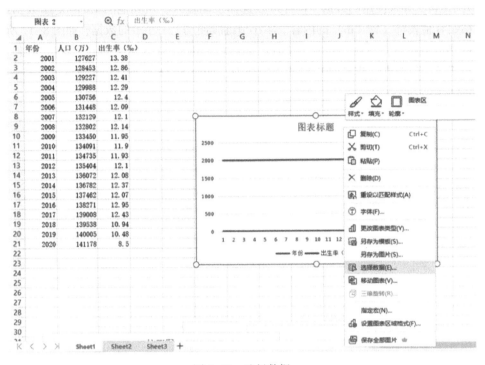

图 8-20　选择数据

可以看到此时年份也成了折线图的一部分，为了将多余的纵向中的年份删除，在系列中选中年份并单击删除，如图 8-21 所示。

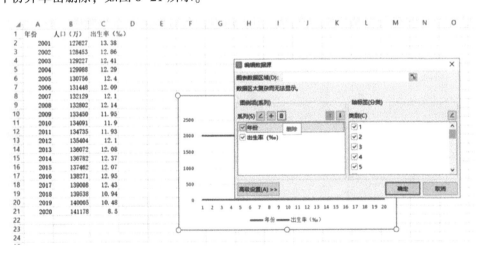

图 8-21　删除年份列

此时横坐标不是年份，为了把横坐标改成年份，单击轴标签（分类）旁边的编辑按钮，如图 8-22 所示。

下面需要选中年份列，单击选择区域，如图 8-23 所示。

为了选中年份作为横坐标，选中年份列，如图 8-24 所示。

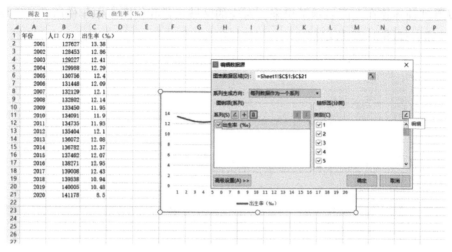

图 8-22　单击编辑按钮

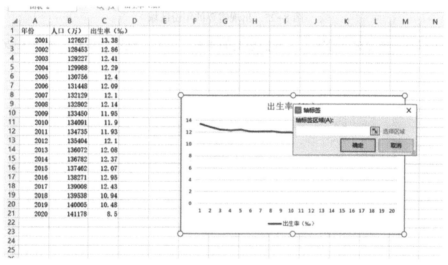

图 8-23　选择区域

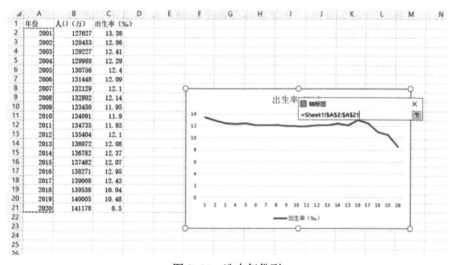

图 8-24　选中年份列

可以看到轴标签在上面显示了出来，对应的区域正是我们图表中年份所在的区域，单击"确定"按钮，如图 8-25 所示。

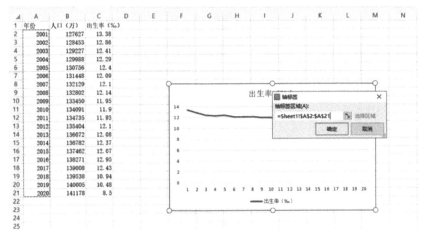

图 8-25　出现需要的年份区域

这时可以看到横坐标已经变成了我们想要的年份，单击"确定"按钮，如图 8-26 所示。

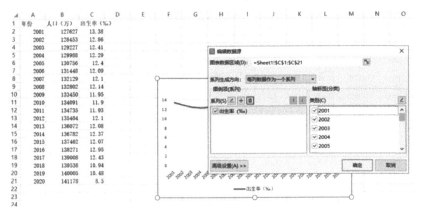

图 8-26　横坐标变成年份

这时我们需要继续完善图表，改变并补全各个标题，左键单击该图表，然后单击出现的第一个按钮，如图 8-27 所示。

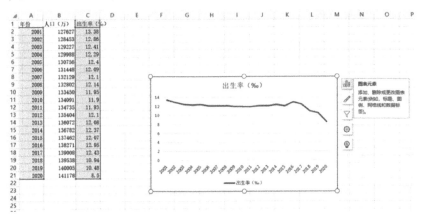

图 8-27　单击第一个按钮

轴标题目前还是空缺的，勾选轴标题，如图 8-28 所示。

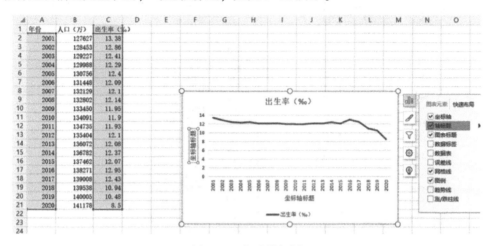

图 8-28　勾选轴标题

为了把标题改成我们想要的样子，编辑轴标题和图表标题，如图 8-29 所示。

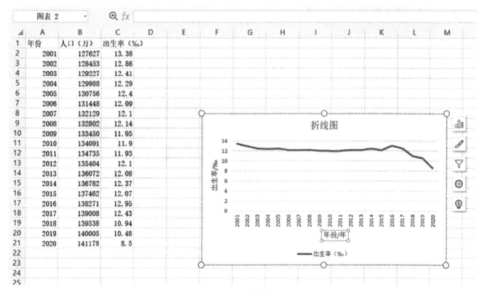

图 8-29　编辑标题

8.2.3　柱状折线组合图

这里依然使用人口数据，如图 8-30 所示。

选取部分数据进行分析，拖动鼠标从 A1 到 C1 即可同时选中 A、B、C 三列，即同时选中年份、人口、出生率三列，如图 8-31 所示。

在已经选中目标数据的情况下，单击插入→插入组合图→簇状柱形图-次坐标轴上的折线图，如图 8-32a 所示。

可以看到已经有了一个初始的图表，但是这个初始图表不能满足展示的要求，下面继续完善，右键单击图表→选择数据，如图 8-32b 所示。

	A	B	C
1	年份	人口（万）	出生率（‰）
2	2001	127627	13.38
3	2002	128453	12.86
4	2003	129227	12.41
5	2004	129988	12.29
6	2005	130756	12.4
7	2006	131448	12.09
8	2007	132129	12.1
9	2008	132802	12.14
10	2009	133450	11.95
11	2010	134091	11.9
12	2011	134735	11.93
13	2012	135404	12.1
14	2013	136072	12.08
15	2014	136782	12.37
16	2015	137462	12.07
17	2016	138271	12.95
18	2017	139008	12.43
19	2018	139538	10.94
20	2019	140005	10.48
21	2020	141178	8.5
22			

图 8-30　导入数据

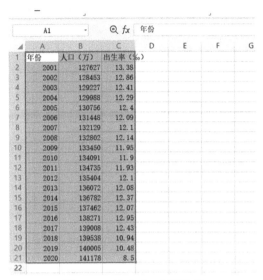

图 8-31　选中 A~C 列数据

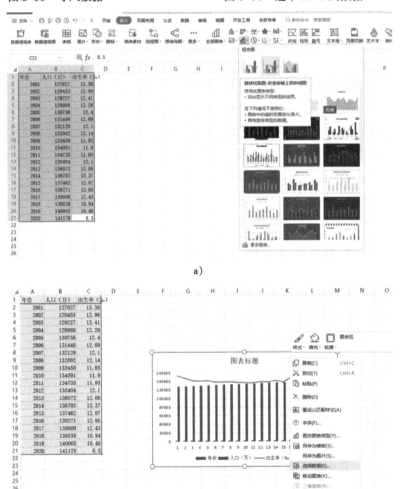

a)

b)

图 8-32　选择并完善数据

a）插入图表　b）选择数据

此时我们发现年份也成为图表的一部分，为了将多余的年份去掉，我们在系列中选中年份并单击删除，如图 8-33 所示。

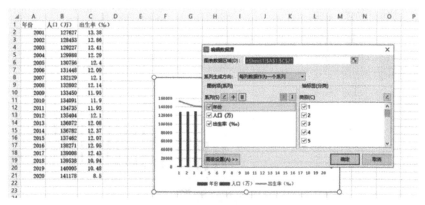

图 8-33　删除年份列

此时横坐标为 1，2，3…不是年份，为了把年份变成横坐标，单击轴标签（分类）旁边的编辑按钮，如图 8-34 所示。

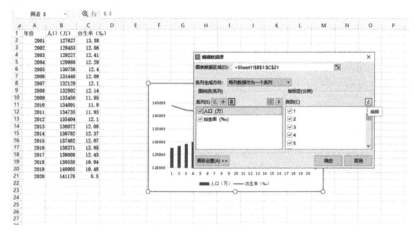

图 8-34　单击编辑按钮

选中年份作为横坐标，单击选择区域，如图 8-35 所示。

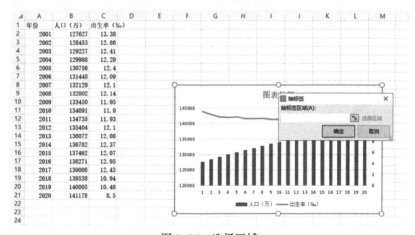

图 8-35　选择区域

为了把年份作为横坐标，选中年份列，如图 8-36 所示。

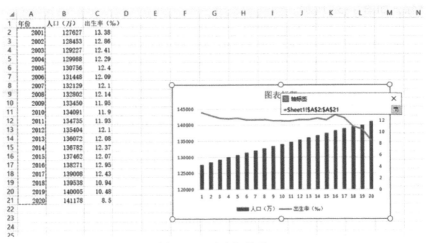

图 8-36 选中年份列

可以看到轴标签区域中正是年份列对应的区域，单击"确定"按钮，如图 8-37 所示。

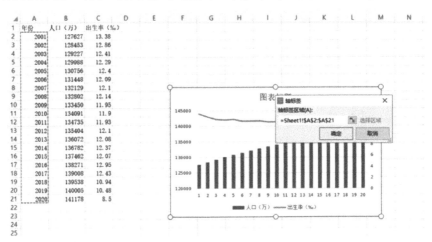

图 8-37 选中需要的区域

此时可以看到年份已经成为图像的横坐标，单击"确定"按钮，如图 8-38 所示。

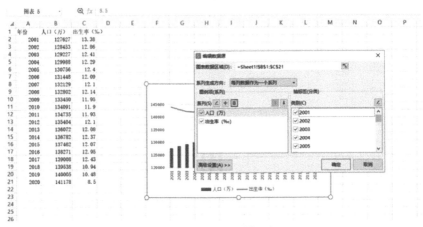

图 8-38 年份成为横坐标

下面继续完善该图表的坐标标题部分，左键单击该图表→单击出现的第一个按钮，如图 8-39 所示。

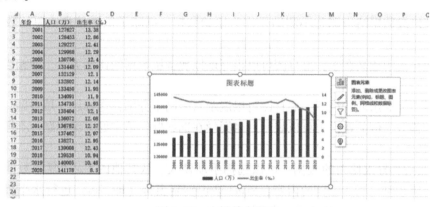

图 8-39　左键单击图表

目前的图表是缺乏轴标题的，我们勾选轴标题，如图 8-40 所示。

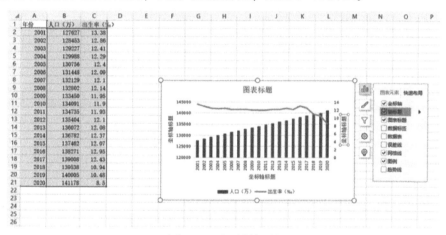

图 8-40　勾选轴标题

最后编辑轴标题和图表标题，如图 8-41 所示。

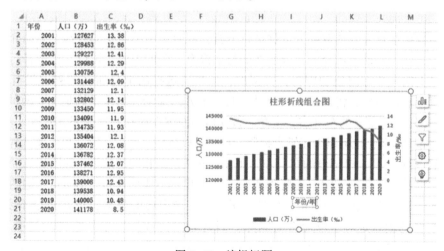

图 8-41　编辑标题

8.3 案例：旭日图制作

采用某班级数据结构课程小测结果作为原始数据，删除了敏感信息，原始数据来自课程组。

采用旭日图的意义在于，旭日图可以很好地体现多层数据的比例关系，即相当于多张饼状图。

例如在下面展示的情境下，旭日图可以展示六名同学分别在选择题、填空题、编程题三个层次上的得分比例关系，也可以展示六名同学在选择题、填空题、编程题三类题目上总分的比例关系。

打开 Excel，导入使用的数据，可以选择手动输入、从其他的 Excel 复制数据或从文本文件粘贴有制表符（即 Tab）的内容，Excel 会识别制表符（即 Tab）进行水平拆分，识别换行符（即 Enter）进行垂直拆分，如图 8-42 所示。

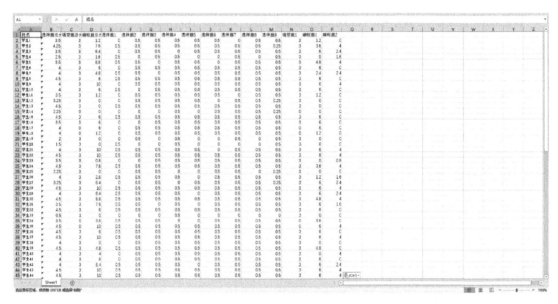

图 8-42　导入数据

考虑到数据量较大，选取部分数据进行分析，此时选中不需要的数据。下面介绍若干种选择数据的方式。如果要选择的部分所在的行上没有其余的内容，可以直接选择行号，将鼠标放在行号上向一个方向拖动即可；类似的，如果要选择的部分所在的列上没有其余的内容，可以直接选择列号，将鼠标放在列号上向一个方向拖动；如果不满足上述两种情况，可以把鼠标放在要选择部分的左（右）上角，按住鼠标左键拖动到要选择部分的右（左）下角，对于上述全部的拖动，也可以采用键盘控制，例如可以按住〈Shift〉键，单击要选择部分的左（右）上角，再单击要选择部分的右（左）下角，从而达到相同的效果，如图 8-43 所示。

在开始标签栏，单击删除，需要注意的是这里我们不能使用按〈Delete〉键的方式，这两种操作的区别在于，按〈Delete〉键是对于选中区域内容的删除，单元格是不受影响的，而开始标签栏的删除是对于单元格的删除，因此删除完成后，单元格的后继会顶替被删除的单元格，这里后继的第一优先级是列，通俗地说就是，如果我们删除的内容的左边和下边都有内容，会优先使用左边的内容进行顶替，如果左边没有内容再用下边的内容进行顶替，如图 8-44 所示。

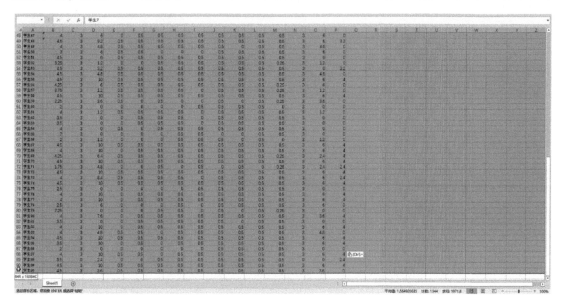

图 8-43　选择部分数据

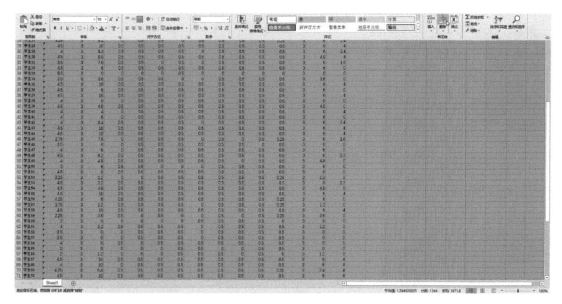

图 8-44　删除数据

　　按生成旭日图的格式整理数据，第一列为内层标签，第二列为外层标签，第三列为数值，以图 8-45 为例，我们选择的内层标签是题目类型，包括选择题、填空题和编程题，这些内容被置于图 8-45 中的第一列，外层标签是学生序号，包括六名同学，数值即相应同学在相应题目上的得分。

　　删除格式化前的数据，调整经过格式化数据的位置，删除操作同图 8-44 中删除步骤，因此不再赘述，对于移动操作，我们可以通过删除移动方向上的行与列以进行间接的移动，也可以选择需要移动的数据，单击〈Ctrl+X〉键或右键单击选择剪切以剪切这些数据，单击选择需要移动到的区域的左上角，再单击〈Ctrl+V〉键或右键单击选择粘贴以粘贴这些数据完成移动，最后，我们需要保持数据处于被选择状态，如图 8-46 所示。

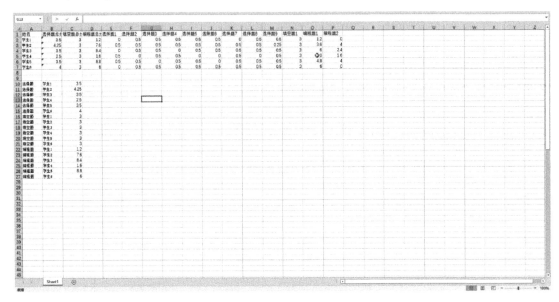

图 8-45　格式化数据

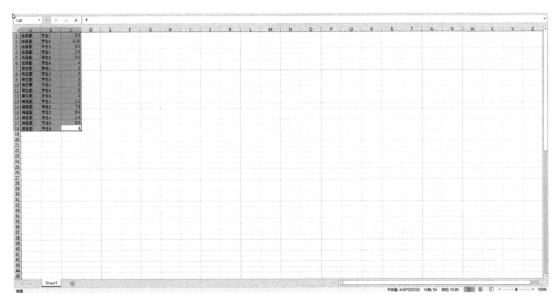

图 8-46　移动数据

说明如下：

1）在插入标签栏，单击推荐的图表，标签栏的内容包括文件、开始、页面布局、公式和数据等，我们默认处于开始标签栏下。为切换到插入标签栏，需要单击插入两个字的位置，进入插入标签栏后，可以发现存在表格、插图、加载项和图表等部分，推荐的图表位于图表部分的最左侧，如图 8-47 所示。

2）在弹出的窗口中，我们默认处于推荐的图表部分，Excel 会根据选择的数据推荐一些比较有可能反映我们期望的数据特征的图表，并简要介绍了这些图表的适用场景。如果我们没有明确的目标图表类型，可以以此作为参考。由于现在明确要以旭日图的形式对数据进行呈现，我们忽略这部分内容并单击所有图表以寻找旭日图，如图 8-48 所示。

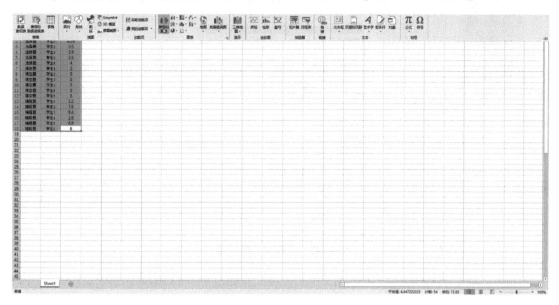

图 8-47　单击推荐的图表

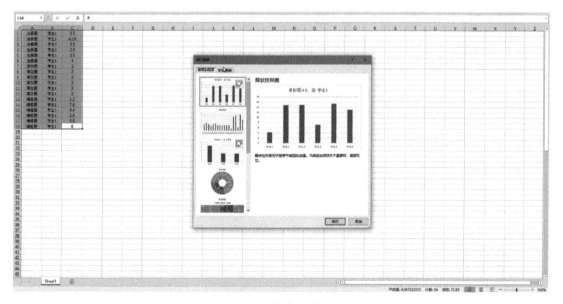

图 8-48　单击所有图表

在所有图表下显示了最近使用的图表、自定义的图表模板和 Excel 支持的全部图表大类。遍历浏览 Excel 支持的全部图表大类，可以在中间偏下的位置找到旭日图，单击旭日图进入旭日图标签以浏览更细的分类，如图 8-49 所示。

在旭日图标签下，由于存在且仅存在一种旭日图模板，不需要进行进一步的选择，只要单击位于窗口右下角的"确定"按钮即可生成我们选择的数据的旭日图，如图 8-50 所示。

屏幕的中间位置上出现需要的图表，由于图表较小且标题为默认的图表标题，我们需要对其包括大小位置和标题在内的内容进行进一步的修改和调整，如图 8-51 所示。

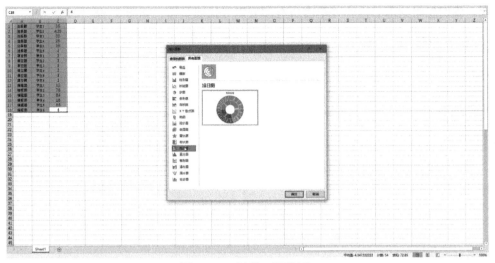

图 8-49　选择旭日图标签

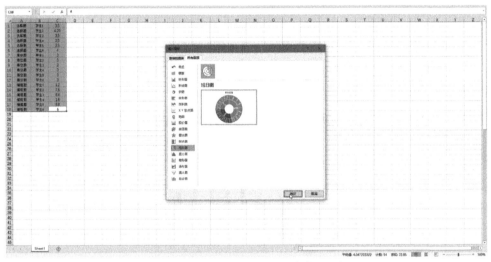

图 8-50　在旭日图标签下选择旭日图

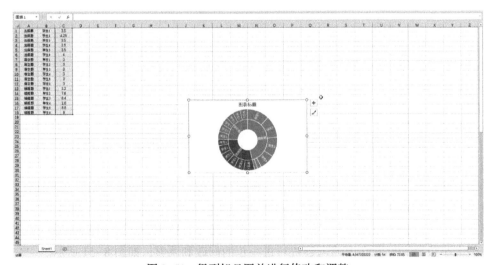

图 8-51　得到旭日图并进行修改和调整

　　拉伸和移动以调整图表到合适的大小与位置，图表默认处于被选中状态，也就是图表边框的四个顶点和四条边的中点上存在白色空心小圆。如果因为单击了表格空白区域等原因使图表不在被选中状态，可以单击图表上的白色区域使图表重新回到被选中状态。在选中状态下，把鼠标放在我们期待调整的白色空心小圆上，鼠标将变成双向箭头，此时按住鼠标拖动即可改变图表的形状。同样，在选中状态下，我们把鼠标放在图表空白区域，鼠标将变成黑色四向箭头，此时按住鼠标拖动即可改变图表的位置，如图 8-52 所示。

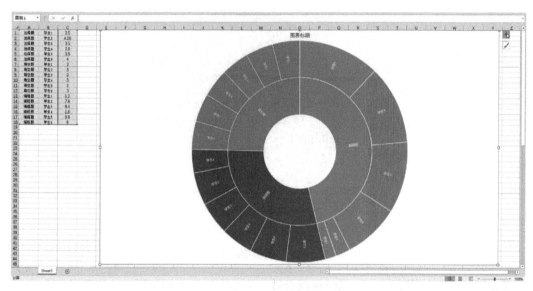

图 8-52　调整旭日图大小与位置

　　单击图表右侧（或左侧）的绿色加号，修改图表元素。对于不同种类的图表，可以修改的图表元素不完全相同，可能包括图表内容、数据标签、图例等；而对于不同位置的图表，修改图表元素的界面显示的位置不完全相同，Excel 会考虑当前页面空间使用的状态选择一个位置，可能位于我们编辑的图表的左侧或右侧，如图 8-53 所示。

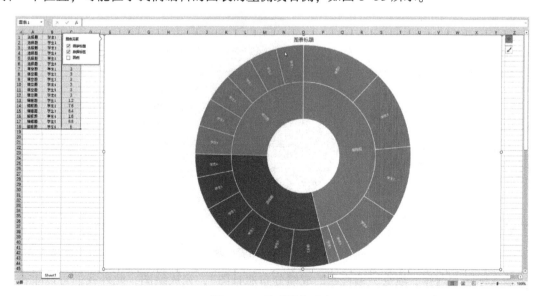

图 8-53　修改图表元素

在图表左侧的图表元素窗口中，可以修改对应的复选框，复选框为一个正方形，如果被选中，正方形中会出现额外的对勾。图例的复选框在默认情况下不存在此对勾。我们可以单击图例的复选框以进行勾选，对勾出现即代表勾选成功，Excel 将在图表上显示不同颜色对应的图例信息，如图 8-54 所示。

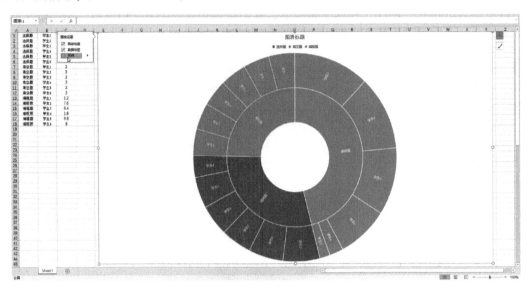

图 8-54　增加图例信息

单击图表上方的图表标题，此时标题会被一个小实线矩形框包围，小矩形的四角为四个蓝色实心点。我们再次将鼠标置于图表标题上，鼠标将变为大写字母 I 型的输入图标，再次单击鼠标后小实线矩形将变为小虚线矩形，且出现闪烁的黑色竖线指示输入位置。此时可以正常输入需要的内容，以修改图表标题，如图 8-55 所示。

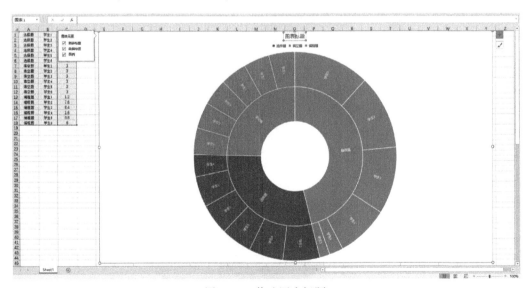

图 8-55　修改图表标题

输入标题"选择、填空、编程题的成绩分布旭日图"，完成绘图，此外我们可以单击图表外区域以取消对图表的选择，如图 8-56 所示。

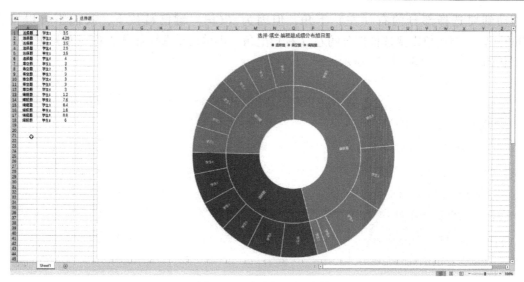

图 8-56　完成旭日图绘制

8.4　案例：瀑布图制作

采用比特币的价格变化作为原始数据，原始数据来自网络。

采用瀑布图的意义在于，瀑布图在表现数据变化过程上有着得天独厚的优势，通过绝对值与相对值结合的方式，可以表达多个特定数值之间的数量变化关系。

例如在下面展示的情境下，瀑布图一方面展示了比特币相邻两日涨落的情况，另一方面展示了比特币涨落积累的情况。

打开 Excel，导入使用的数据，我们可以选择手动输入、从其他的 Excel 文档复制数据或从文本文件粘贴有制表符（即 Tab）的内容，如图 8-57 所示。

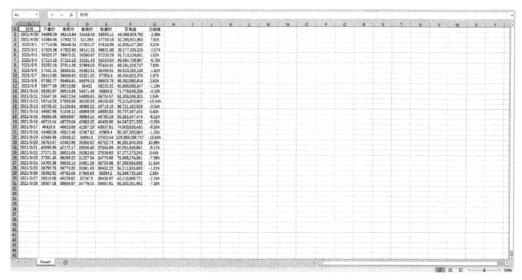

图 8-57　导入数据

选择数据中用于绘图的两列，为同时选择两块不同的区域，可以按住〈Ctrl〉键进行处理，按下〈Ctrl〉键后，我们可以两次把鼠标放在要选择部分的左（右）上角，按住鼠标左键拖动到要选择部分的右（左）下角，但因为〈Ctrl〉键已被按下，我们不可以按住〈Shift〉键，两次单击要选择部分的左（右）上角，再单击要选择部分的右（左）下角，以达到相同的效果，如图 8-58 所示。

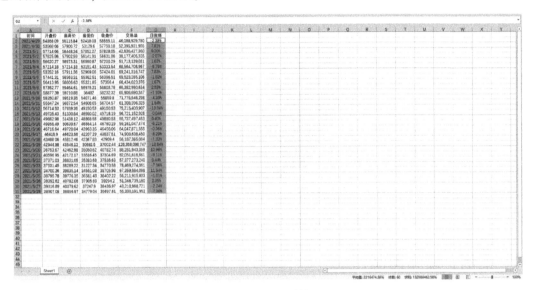

图 8-58　选择数据

在插入标签栏单击推荐的图表，标签栏的内容包括文件、开始、页面布局、公式和数据等，我们默认处于开始标签栏下，为切换到插入标签栏，需要单击插入两个字的位置，进入插入标签栏后，可以发现存在表格、插图、加载项和图表等部分，推荐的图表位于图表部分的最左侧，如图 8-59 所示。

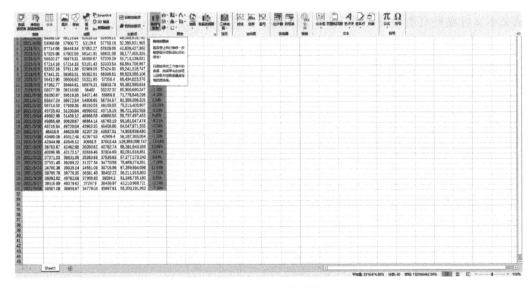

图 8-59　单击推荐的图表

在弹出的窗口中，默认处于推荐的图表部分，Excel 会根据我们选择的数据推荐一些有可能反映我们期望的数据特征的图表，并简要介绍了这些图表的适用场景。如果我们没有明确的目标图表类型，可以以此作为参考，由于我们现在明确要以瀑布图的形式对数据进行呈现，我们忽略这部分内容并单击所有图表以寻找瀑布图，如图 8-60 所示。

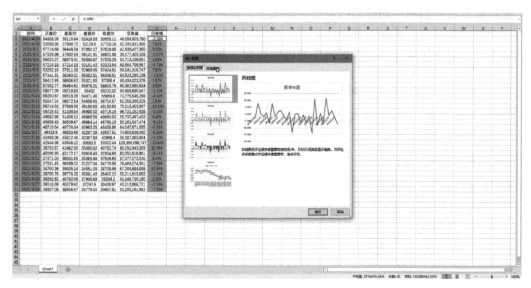

图 8-60　单击所有图表

在所有图表下显示了我们最近使用的图表、自定义的图表模板和 Excel 支持的全部图表大类。我们遍历 Excel 支持的全部图表大类，可以在中间偏下的位置找到瀑布图，单击瀑布图进入瀑布图标签以浏览更细的分类，如图 8-61 所示。

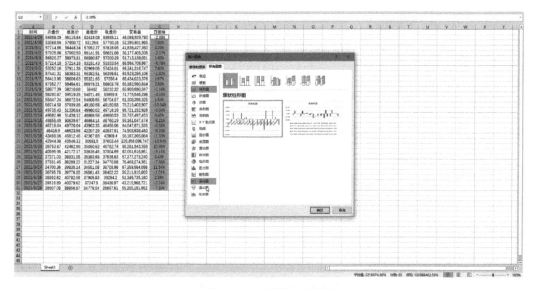

图 8-61　选择瀑布图标签

在瀑布图标签下，由于存在且仅存在一种瀑布图模板，我们不需要进行进一步的选择，只要单击位于窗口右下角的"确定"按钮即可生成我们选择数据的瀑布图，如图 8-62 所示。

说明：屏幕的中间位置出现需要的图表，由于图表较小且标题为默认的图表标题，我们需要对其包括大小位置和标题在内的内容进行进一步的修改与调整，如图 8-63 所示。

拉伸和移动以调整图表到合适的大小与位置，图表默认处于被选中状态，也就是图表边框的四个顶点和四条边的中点上存在白色空心小圆。如果因为单击了表格空白区域等原因使图表不在被选中状态，可以单击图表上的白色区域使图表重新回到被选中状态。在选中状态下，把鼠标放在我们期待调整的白色空心小圆上，鼠标将变成双向箭头，此时按住鼠标拖动即可改变图表的形状。同样在选中状态下，我们把鼠标放在图表空白区域，鼠标将变成黑色四向箭头，此时按住鼠标拖动即可改变图表的位置，如图 8-64 所示。

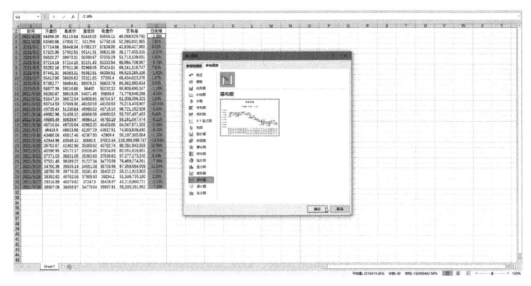

图 8-62　在瀑布图标签选择瀑布图

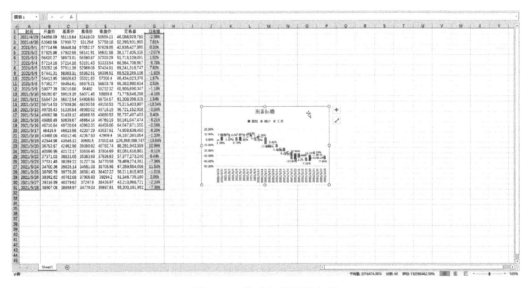

图 8-63　修改与调整瀑布图

　　单击图表上方的图表标题，以修改图表标题，此时标题会被一个小实线矩形框包围，小矩形的四角为四个蓝色实心点。我们再次将鼠标置于图表标题上，鼠标将变为大写字母 I 型的输入图标，再次单击鼠标后小实线矩形将变为小虚线矩形，且出现闪烁的黑色竖线指示输入位置。我们此时可以正常输入需要的内容，以修改图表标题，如图 8-65 所示。

　　输入比特币的日涨幅瀑布图，完成绘图，此外我们可以单击图表外区域以取消对图表的选择，如图 8-66 所示。

图 8-64　调整瀑布图大小与位置

图 8-65　修改图表标题

图 8-66　完成瀑布图绘制

第9章
Python 表格处理分析

Python 作为一门易学且强大的语言，是自动化处理表格以及绘图的有力工具。其编写出的代码比宏的可读性更强，且更容易入门。本章主要介绍 Python 在办公场景下如何处理常见表格。

9.1 Python 办公背景介绍

读取、修改和创建大数据量的 Excel 表格是使用 Excel 时经常会遇到的问题，纯粹依靠手工完成这些工作十分耗时，而且操作的过程十分容易出错。在本章中，将会介绍如何借助 Python 的 "openpyxl" 模块完成这些工作，提升工作效率。Python 中的 openpyxl 模块能够对 Excel 文件进行创建、读取以及修改，让计算机自动进行大量烦琐重复的 Excel 文件处理成为可能。本章将围绕以下几个重点展开：

1）修改已有的 Excel 表单。

2）从 Excel 表单中提取信息。

3）创建更为复杂的 Excel 表单，为表格添加样式、图表等。

在此之前，读者应该熟知 Python 的基本语法，能够熟练使用 Python 的基本数据结构，包括 Dict、List 等，并且理解面向对象编程的基本概念。

在开始之前，读者可能会有疑问：什么时候我应该选择使用 openpyxl 这样的编程工具，而不是直接使用 Excel 的操作界面来完成我的工作呢？虽然这样的实际场景数不胜数，但以下这几个例子十分有代表性，提供给读者们参考。

假设你在经营一个网店，当你每次要将新商品上架到网页上时，需要将相应的商品信息填入到店铺的系统中，而所有的商品信息一开始都记录在若干个 Excel 表格中。如果你需要将这些信息导入到系统中，就必须遍历 Excel 表格的每一行，并在店铺系统中重新输入。我们将这种情景抽象成从 Excel 表单中导出信息。

假设你是一个用户信息系统的管理员，公司在某次促销活动中需要导出所有用户的联系方式到可打印的文件中，并交给销售人员进行电话营销。显然 Excel 表单是可视化呈现这些信息的不二之选。这样的场景可以称之为向 Excel 表单中导入信息。

假设你是一所中学的数学老师，一次期中测验后你需要汇总整理 20 个班级的成绩，并制作相应的统计图表。而令人绝望的是，你发现每个班级的成绩散落在不同的表单文件中，无法使用 Excel 内置的统计工具来汇总。我们将这种场景称为 Excel 表单内部的信息聚合与提取。

管中窥豹，类似的问题难以枚举，却无不例外地令人头痛。但是，如果学会使用 openpyxl 工具，这些都不再是问题。

本章分为三大部分，第一部分——"前期准备与基本操作"将介绍 openpyxl 模块的基本概念和基本方法，以及工具的安装、Excel 的文件创建和基本读写；第二部分——"进阶内容"将通过几个具体的例子来说明如何使用 openpyxl 向 Excel 表格中添加样式、计算公式和图表；第三部分——"数据分析实例"，将介绍如何将 openpyxl 与 Pandas，Matplotlib 等其他 Python 工具结合起来，更高效地展开分析与可视化工作。

9.2　前期准备与基本操作

由于需要操作 Excel 表格，本节将介绍相关术语以及相关包的使用。

9.2.1　基本术语概念说明

后面将会用表 9-1 中的术语名词来指代表格操作中的具体概念，在此统一向读者说明。

表 9-1　基本术语

术　语	含　义
工作簿	指创建或者操作的主要文件对象，通常来讲，一个 .xlsx 文件对应于一个工作簿
工作表	工作表通常用来划分工作表中的不同内容，一个工作簿中可以包含多个不同的工作表
列	一列指工作表中垂直排列的一组数据，在 Excel 中，通常用大写字母来指代一列，如第一列通常是 A
行	一行指工作表中水平排列的一组数据，在 Excel 中，通常用数字来指代一行，如第一行通常是 1
单元格	一个单元格由一个行号和一个列号唯一确定，如 A1 指位于第 A 列第一行的单元格

9.2.2　安装 openpyxl 并创建一个工作簿

如同大多数 Python 模块，我们可以通过 Pip 工具来安装 openpyxl，只需要在命令行终端中执行代码清单 1 中的命令即可。

```
1.  #代码清单 1
2.  pip install openpyxl
```

安装完毕之后，读者就可以用几行代码创建一个十分简单的工作簿了，如代码清单 2 所示。

```
1.  #代码清单 2
2.  from openpyxl import Workbook
3.
4.  workbook = Workbook()
5.  sheet = workbook.active
6.
7.  sheet["A1"] = "hello"
8.  sheet["B1"] = "world!"
9.
10. workbook.save(filename="hello_world.xlsx")
```

首先从 openpyxl 包中导入 Workbook 对象，并在第 4 行创建一个实例 workbook。在第 5 行中，通过 workbook 的 active 属性，获取到默认的工作表。紧接着在第 7、8 两行，向工作表的 A1 和 B1 两个位置分别插入"hello"和"world"两个字符串。最后，通过 workbook 的

save 方法，将新工作簿存储在名为 "hello_world. xlsx" 的文件中。打开该文件，可以看到文件内容如图 9-1 所示。

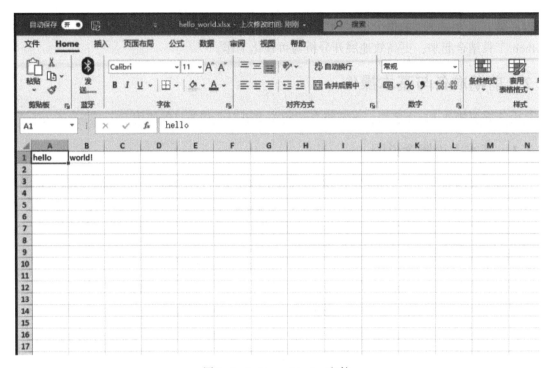

图 9-1　hello_world. xlsx 文件

9.2.3　从 Excel 工作簿中读取数据

本章为读者提供了实践用的样例工作簿 sample. xlsx，其中包含了一些亚马逊在线商店的商品评价数据。读者可以在章节对应的附件中找到这个文件，并放置在实验代码的根目录下。之后的样例程序将在样例工作簿的基础上进行演示。

准备好数据文件后，就可以在 Python 命令行终端尝试打开并读取一个 Excel 工作簿了，请在命令行中输入 Python 命令，进入 Python 命令行终端，接下来的操作如代码清单 3 所示。

```
1.  #代码清单3
2.  >>>from openpyxl import load_workbook
3.  >>> workbook = load_workbook(filename="sample. xlsx")
4.  >>> workbook. sheetnames
5.  ['Sheet 1']
6.
7.  >>>sheet = workbook. active
8.  >>>sheet
9.  <Worksheet "Sheet 1">
10.
11. >>> sheet. title
12. 'Sheet 1'
```

为了读取工作簿，需要按照第 2 行的命令从 "openpyxl" 包中导入 load_workbook 函数。

在第 3 行，通过调用 load_workbook 函数并指定路径名，我们可以得到一个工作簿对象。非常直观的，workbook 的 sheetnames 属性为工作簿中所有工作表的名字列表。workbook. active 为当前工作簿的默认工作表，用 sheet 变量指向它。Sheet 的 title 属性即为当前工作表的名称。这个样例是打开工作表最常见的方式，请读者熟练掌握。在本章中，也会再见到这个方法很多次。

在打开工作表后，读者可以按照代码清单 4 中的方式检索特定位置的数据。

```
1.  #代码清单 4
2.  >>>sheet["A1"]
3.  <Cell 'Sheet 1'. A1>
4.
5.  >>>sheet["A1"]. value
6.  'marketplace'
7.
8.  >>>sheet["F10"]. value
9.  "G-Shock Men's Grey Sport Watch"
```

Sheet 对象类似一个字典，可以通过组合行列序号的方式得到对应位置的键，然后用键去 sheet 对象中获取相应的值。值的形式为 Cell 类型的对象，如第 2、3 行所示。如果想要获取相应单元格中的内容，可以通过访问 Cell 对象的 value 字段来完成（第 5~9 行）。除此之外，读者也可以通过 Sheet 对象的 cell( )方法来获取特定位置的 Cell 对象和对应的值，如代码清单 5 所示。

```
1.  #代码清单 5
2.  >>> sheet. cell(row=10, column=6)
3.  <Cell 'Sheet 1'. F10>
4.
5.  >>> sheet. cell(row=10, column=6). value
6.  "G-Shock Men's Grey Sport Watch"
```

特别需要注意的是，尽管在 Python 中索引的序号总是从 0 开始，但对 Excel 表单而言，行号和列号总是从 1 开始的，在使用 cell 方法时需要留意这一点。

9.2.4 迭代访问数据

本节将会讲解如何遍历访问工作表中的数据，openpyxl 提供了十分方便的数据选取工具，而且使用方式十分接近 Python 语法。依据不同的需求，有如下几种不同的访问方式。

第一种方式是通过组合两个单元格的位置选择一个矩形区域的 Cell，如代码清单 6 所示。

```
1.  #代码清单 6
2.  >>>sheet["A1:C2"]
3.  ((<Cell 'Sheet 1'. A1>, <Cell 'Sheet 1'. B1>, <Cell 'Sheet 1'. C1>),
4.   (<Cell 'Sheet 1'. A2>, <Cell 'Sheet 1'. B2>, <Cell 'Sheet 1'. C2>))
```

第二种方式是通过指定行号或列号来选择一整行或一整列的数据，如代码清单 7 所示。

```
1.  #代码清单 7
2.  >>># Get all cells from column A
3.  >>>sheet["A"]
4.   (<Cell 'Sheet 1'. A1>,
```

```
5.   <Cell 'Sheet 1'. A2>,
6.    ...
7.   <Cell 'Sheet 1'. A99>,
8.   <Cell 'Sheet 1'. A100>)
9.
10.  >>># Get all cells for a range of columns
11.  >>>sheet["A:B"]
12.   ((<Cell 'Sheet 1'. A1>,
13.  <Cell 'Sheet 1'. A2>,
14.   ...
15.  <Cell 'Sheet 1'. A99>,
16.  <Cell 'Sheet 1'. A100>),
17.   (<Cell 'Sheet 1'. B1>,
18.  <Cell 'Sheet 1'. B2>,
19.   ...
20.  <Cell 'Sheet 1'. B99>,
21.  <Cell 'Sheet 1'. B100>))
22.
23.  >>># Get all cells from row 5
24.  >>>sheet[5]
25.   (<Cell 'Sheet 1'. A5>,
26.  <Cell 'Sheet 1'. B5>,
27.   ...
28.  <Cell 'Sheet 1'. N5>,
29.  <Cell 'Sheet 1'. O5>)
30.
31.  >>># Get all cells for a range of rows
32.  >>>sheet[5:6]
33.   ((<Cell 'Sheet 1'. A5>,
34.  <Cell 'Sheet 1'. B5>,
35.   ...
36.  <Cell 'Sheet 1'. N5>,
37.  <Cell 'Sheet 1'. O5>),
38.   (<Cell 'Sheet 1'. A6>,
39.  <Cell 'Sheet 1'. B6>,
40.   ...
41.  <Cell 'Sheet 1'. N6>,
42.  <Cell 'Sheet 1'. O6>))
```

第三种方式是通过基于 Python 生成器（generator）的两个函数来获取单元格：

- . iter_rows( )。
- . iter_cols( )。

两个函数都可以接收如下四个参数：

- min_row。
- max_row。
- min_col。
- max_col。

使用方式如代码清单 8 所示。

```
1.   #代码清单8
2.   >>>for row in sheet. iter_rows(min_row=1,
```

```
3.    ...                              max_row = 2,
4.    ...                              min_col = 1,
5.    ...                              max_col = 3):
6.    ...         print(row)
7.    (<Cell 'Sheet 1'. A1>, <Cell 'Sheet 1'. B1>, <Cell 'Sheet 1'. C1>)
8.    (<Cell 'Sheet 1'. A2>, <Cell 'Sheet 1'. B2>, <Cell 'Sheet 1'. C2>)
9.
10.
11.   >>>for column in sheet. iter_cols(min_row = 1,
12.   ...                              max_row = 2,
13.   ...                              min_col = 1,
14.   ...                              max_col = 3):
15.   ...         print(column)
16.   (<Cell 'Sheet 1'. A1>, <Cell 'Sheet 1'. A2>)
17.   (<Cell 'Sheet 1'. B1>, <Cell 'Sheet 1'. B2>)
18.   (<Cell 'Sheet 1'. C1>, <Cell 'Sheet 1'. C2>)
```

如果在调用函数时将 values_only 设置为 True，将会只返回每个单元格的值，如代码清单 9 所示。

```
1.    #代码清单 9
2.    >>>for value in sheet. iter_rows(min_row = 1,
3.    ...                              max_row = 2,
4.    ...                              min_col = 1,
5.    ...                              max_col = 3,
6.    ...                              values_only = True):
7.    ...         print(value)
8.    ('marketplace', 'customer_id', 'review_id')
9.    ('US', 3653882, 'R3O9SGZBVQBV76')
```

同时，Sheet 对象的 rows 和 columns 对象本身即是一个迭代器，如果不需要指定特定的行或列，而只是想遍历整个数据集，可以使用如代码清单 10 中的方式访问数据：

```
1.    #代码清单 10
2.    >>>for row in sheet. rows:
3.    ...         print(row)
4.    (<Cell 'Sheet 1'. A1>, <Cell 'Sheet 1'. B1>, <Cell 'Sheet 1'. C1>
5.    ...
6.    <Cell 'Sheet 1'. M100>, <Cell 'Sheet 1'. N100>, <Cell 'Sheet 1'. O100>)
```

通过使用上述的方法，可以读取 Excel 表单中的数据了，代码清单 11 中的实例展示了一个完整的读取数据并转化为 json 序列的流程。

```
1.    #代码清单 11
2.    import json
3.    from openpyxl import load_workbook
4.
5.    workbook = load_workbook(filename = "sample. xlsx")
6.    sheet = workbook. active
7.
8.    products = {}
9.
10.   # Using the values_only because you want to return the cells' values
11.   for row in sheet. iter_rows(min_row = 2,
```

```
12.                              min_col = 4,
13.                              max_col = 7,
14.                              values_only = True):
15.         product_id = row[0]
16.         product = {
17.  "parent": row[1],
18.  "title": row[2],
19.  "category": row[3]
20.         }
21.         products[product_id] = product
22.
23.  #Using json here to be able to format the output for displaying later
24.  print(json.dumps(products))
```

9.2.5 修改与插入数据

在 1.2.2 节中，已经向读者介绍了如何向单个单元格中添加数据，需要说明的是，如代码清单 12 所示，当向 B10 单元格中添加了数据之后，openpyxl 会自动插入 10 行数据，中间未定义的位置的值为 None。

```
1.  #代码清单 12
2.  >>>def print_rows():
3.  ...         for row in sheet.iter_rows(values_only = True):
4.  ...              print(row)
5.
6.  >>>#Before, our spreadsheet has only 1 row
7.  >>> print_rows()
8.   ('hello', 'world!')
9.
10. >>># Try adding a value to row 10
11. >>>sheet["B10"] = "test"
12. >>> print_rows()
13.  ('hello', 'world!')
14.  (None, None)
15.  (None, None)
16.  (None, None)
17.  (None, None)
18.  (None, None)
19.  (None, None)
20.  (None, None)
21.  (None, None)
22.  (None, 'test')
```

接下来介绍如何插入和删除行或列，openpyxl 库提供了非常直观的四个函数：

- .insert_rows()。
- .<Delete>_rows()。
- .insert_cols()。
- .<Delete>_cols()。

每个函数接受两个参数，分别是 idx 和 amount。idx 指明了从哪个位置开始插入和删除，amount 指明了插入或删除的数量。请首先阅读代码清单 13 的示例程序：

```
1.  #代码清单 13
2.  >>> print_rows()
3.  ('hello', 'world! ')
4.
5.  >>># Insert a column before the existing column 1("A")
6.  >>> sheet. insert_cols(idx=1)
7.  >>> print_rows()
8.  (None, 'hello', 'world! ')
9.
10. >>># Insert 5 columns between column 2("B") and 3 ("C")
11. >>> sheet. insert_cols(idx=3, amount=5)
12. >>> print_rows()
13. (None, 'hello', None, None, None, None, None, 'world! ')
14.
15. >>># <Delete> the created columns
16. >>> sheet. <Delete>_cols(idx=3, amount=5)
17. >>> sheet. <Delete>_cols(idx=1)
18. >>> print_rows()
19. ('hello', 'world! ')
20.
21. >>># Insert a new row in the beginning
22. >>> sheet. insert_rows(idx=1)
23. >>> print_rows()
24. (None, None)
25. ('hello', 'world! ')
26.
27. >>># Insert 3 new rows in the beginning
28. >>> sheet. insert_rows(idx=1, amount=3)
29. >>> print_rows()
30. (None, None)
31. (None, None)
32. (None, None)
33. (None, None)
34. ('hello', 'world! ')
35.
36. >>># <Delete> the first 4 rows
37. >>> sheet. <Delete>_rows(idx=1, amount=4)
38. >>> print_rows()
39. ('hello', 'world! ')
```

需要读者留意的是，当使用函数插入数据时，插入实际发生在 idx 参数所指的特定行或列的前一个位置，比如你调用 insert_rows(1)，新插入的行将会在原先的第一行之前，成为新的第一行。

9.3　进阶内容

学完基本的增删改查之后，这一节开始介绍一些进阶操作，包括公式的添加、条件格式的添加以及图的添加。这些足以将常规 Excel 办公工作自动化。

9.3.1　为 Excel 表单添加公式

公式计算可以说是 Excel 中最重要的功能，也是 Excel 表单相比其他数据记录工具最为强大的地方。通过使用公式，你可以在任意单元格的数据上应用数学方程，得到你期望的统计或计量结果。在 openpyxl 中使用公式和在 Excel 应用中编辑公式一样简单，代码清单 14 展示了如何查看 openpyxl 中支持的公式类型。

```
1.  #代码清单 14
2.  >>>from openpyxl. utils import FORMULAE
3.  >>> FORMULAE
4.  frozenset( {'ABS',
5.  'ACCRINT',
6.  'ACCRINTM',
7.  'ACOS',
8.  'ACOSH',
9.  'AMORDEGRC',
10.  'AMORLINC',
11.  'AND',
12.          ...
13.  'YEARFRAC',
14.  'YIELD',
15.  'YIELDDISC',
16.  'YIELDMAT',
17.  'ZTEST'} )
```

向单元格中添加公式的操作非常类似于赋值操作，如代码清单 15 所示，计算 H 列第 2 到 100 行的平均值。

```
1.  #代码清单 15
2.  >>> workbook = load_workbook( filename = " sample. xlsx" )
3.  >>>sheet = workbook. active
4.  >>># Star rating is column " H"
5.  >>> sheet[ " P2" ] = " = AVERAGE( H2 : H100)"
6.  >>> workbook. save( filename = " sample_formulas. xlsx" )
```

操作后的 Excel 表单如图 9-2 所示。

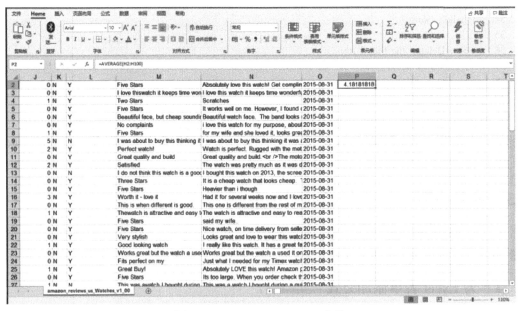

图 9-2   sample_formulas. xlsx 表单

在需要添加的公式中有时候会出现引号包围的字符串，这个时候需要特别留意。有两种方式应对这个问题：最外围改为单引号，或者对公式中的双引号使用转义符。比如我们要统计第 I 列的数据中大于 0 的个数，如代码清单 16 所示。

```
1.   # 代码清单 16
2.   >>>#The helpful votes are counted on column "I"
3.   >>> sheet["P3"] = '=COUNTIF(I2:I100, ">0")'
4.   >>># or sheet["P3"] = "=COUNTIF(I2:I100, \">0\")"
5.   >>> workbook.save(filename="sample_formulas.xlsx")
```

统计结果如图 9-3 所示。

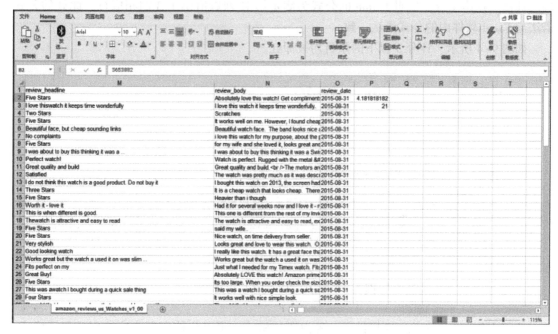

图 9-3　添加计数统计的 sample_formulas.xlsx

9.3.2　为表单添加条件格式

条件格式是指表单根据单元格中不同的数据，自动地应用预先设定的不同种类的格式。举一个比较常见的例子，如果你想让成绩统计册中所有没及格的学生都高亮地显示出来，那么条件格式就是最恰当的工具。

下面在 sample.xlsx 数据表上为读者演示几个示例。

代码清单 17 实现了这样一个简单的功能：将所有评分三星以下的行标成红色。

```
1.   # 代码清单 17
2.   >>>from openpyxl.styles import PatternFill, colors
3.   >>>from openpyxl.styles.differential import DifferentialStyle
4.   >>>from openpyxl.formatting.rule import Rule
5.
6.   >>> red_background = PatternFill(bgColor=colors.RED)
7.   >>> diff_style = DifferentialStyle(fill=red_background)
8.   >>> rule = Rule(type="expression", dxf=diff_style)
9.   >>> rule.formula = ["$H1<3"]
```

```
10.  >>> sheet. conditional_formatting. add("A1:O100", rule)
11.  >>> workbook. save("sample_conditional_formatting. xlsx")
```

注意到代码清单第 2 行从 openpyxl. style 中引入了 PatternFill、colors 两个对象。这两个对象是为了设定目标数据行的格式属性。在第 3 行中引入了 DifferentialStyle 这个包装类，可以将字体、边界、对齐等多种不同的属性聚合在一起。第 4 行引入了 Rule 类，通过 Rule 类可以设定填充属性需要满足的条件。如第 6~9 行所示，应用条件格式的主要流程为先构建 PatternFill 对象 red_background，再构建 DifferentialStyle 对象 diff_style，diff_style 将作为 rule 对象构建的参数。构建 rule 对象时，需要指明 rule 的类型为"expression"，也即通过表达式进行选择。在第 9 行，指明了 rule 的公式为满足第 H 列数值小于 3 的相应行。此处的公式语法与 Excel 软件中的公式语法一致。

如图 9-4 所示，评分 3 以下的条目均被标红。

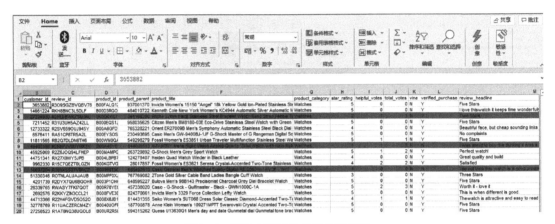

图 9-4　评分 3 以下的条目均被标红

为了方便起见，openpyxl 提供了三种内置的格式，可以让使用者快速地创建条件格式，分别是：

- ColorScale。
- IconSet。
- DataBar。

ColorScale 可以根据数值的大小创建色阶，使用方法如代码清单 18 所示。

```
1.  # 代码清单 18
2.  >>>from openpyxl. formatting. rule import ColorScaleRule
3.  >>> color_scale_rule = ColorScaleRule (start_type = "num",
4.  ...                                     start_value = 1,
5.  ...                                     start_color = colors. RED,
6.  ...                                     mid_type = "num",
7.  ...                                     mid_value = 3,
8.  ...                                     mid_color = colors. YELLOW,
9.  ...                                     end_type = "num",
10. ...                                     end_value = 5,
11. ...                                     end_color = colors. GREEN)
12.
13. >>>#Again, let's add this gradient to the star ratings, column "H"
```

```
14.  >>> sheet. conditional_formatting. add("H2：H100"，color_scale_rule)
15.  >>> workbook. save(filename="sample_conditional_formatting_color_scale_3. xlsx")
```

效果如图 9-5 所示，使用 ColorScale 创建色阶，单元格的颜色随着评分由高到低逐渐由绿变红。

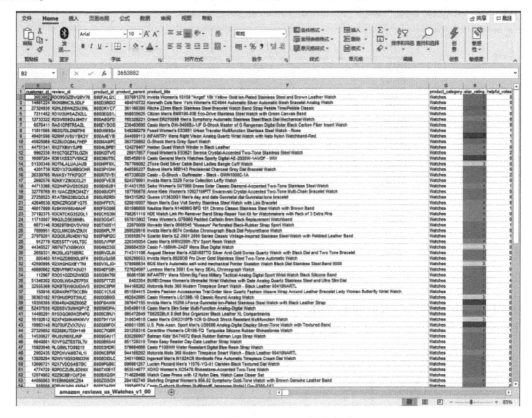

图 9-5　使用 ColorScale 创建色阶

IconSet 可以依据单元格的值来添加相应的图标，如代码清单 19 所示，只需要指定图标集合的类别和相应值的范围，就可以直接应用到表格上。完成的图标列表读者可以在 openpyxl 的官方文档中找到。

```
1.  # 代码清单 19
2.  >>>from openpyxl. formatting. rule import IconSetRule
3.
4.  >>> icon_set_rule = IconSetRule("5Arrows"，"num"，[1, 2, 3, 4, 5])
5.  >>> sheet. conditional_formatting. add("H2：H100"，icon_set_rule)
6.  >>> workbook. save("sample_conditional_formatting_icon_set. xlsx")
```

效果如图 9-6 所示添加了图标的表格。

最后一个 DataBar 允许在单元格中添加类似进度条一样的条带，直观地展示数值的大小，使用方式如代码清单 20 所示。

```
1.  # 代码清单 20
2.  >>>from openpyxl. formatting. rule import DataBarRule
3.
4.  >>> data_bar_rule = DataBarRule (start_type="num"，
```

```
5.  ...                          start_value=1,
6.  ...                          end_type="num",
7.  ...                          end_value="5",
8.  ...color=colors. GREEN)
9.  >>> sheet. conditional_formatting. add("H2:H100", data_bar_rule)
10. >>> workbook. save("sample_conditional_formatting_data_bar. xlsx")
```

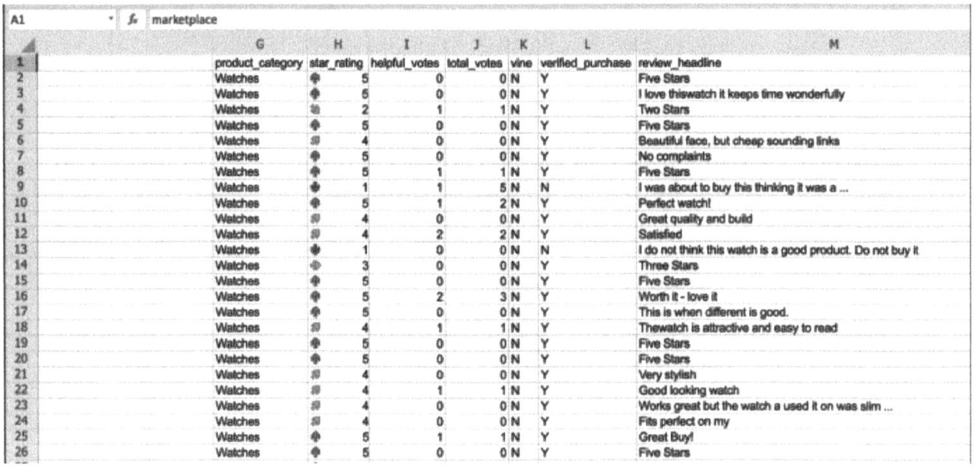

图 9-6　添加了图标的表格

只需要指定规则的最大值和最小值，以及希望显示的颜色，就可以直接使用了。代码执行后的效果如图 9-7 所示添加了 DataBar 的表格。

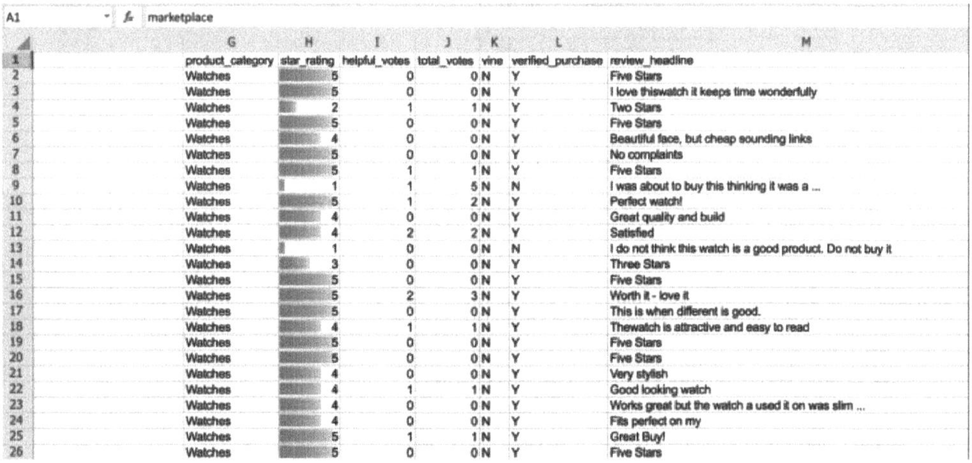

图 9-7　添加了 DataBar 的表格

使用条件格式可以实现很多非常棒的功能，虽然这里限于篇幅只展示了一部分样例，但读者可以通过查阅 openpyxl 的文档获得更多的信息。

9.3.3　为 Excel 表单添加图表

Excel 表单可以生成十分具有表现力的数据图表，包括柱状图、饼图、折线图等，使用 openpyxl 一样可以实现对应的功能。

在展示如何添加图表之前，需要先构建一组数据来作为实例，如代码清单 21 所示。

```
1.   # 代码清单 21
2.   from openpyxl import Workbook
3.   from openpyxl. chart import BarChart, Reference
4.
5.   workbook = Workbook( )
6.   sheet = workbook. active
7.
8.   rows = [
9.       ["Product", "Online", "Store"],
10.      [1, 30, 45],
11.      [2, 40, 30],
12.      [3, 40, 25],
13.      [4, 50, 30],
14.      [5, 30, 25],
15.      [6, 25, 35],
16.      [7, 20, 40],
17.  ]
18.
19.  for row in rows:
20.      sheet. append( row)
```

接下来，就可以通过 BarChart 类对象来为表格添加柱状图了，我们希望柱状图展示每类商品的总销量，如代码清单 22 所示。

```
1.   # 代码清单 22
2.   chart = BarChart( )
3.   data = Reference (worksheet = sheet,
4.                     min_row = 1,
5.                     max_row = 8,
6.                     min_col = 2,
7.                     max_col = 3)
8.
9.   chart. add_data(data, titles_from_data = True)
10.  sheet. add_chart(chart, "E2")
11.
12.  workbook. save("chart. xlsx")
```

如图 9-8 所示插入了柱状图的表格，简洁的柱状图就已经生成好了。

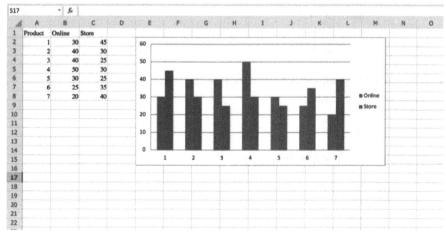

图 9-8　插入了柱状图的表格

插入图表的左上角将和代码指定的单元格对齐，样例将图表对齐在了 E2 处。

如果你想绘制一个折线图，可以像代码清单 23 所示，简单修改以下术语，然后使用 LineChart 类。

```
1.  # 代码清单 23
2.  import random
3.  from openpyxl import Workbook
4.  from openpyxl. chart import LineChart, Reference
5.
6.  workbook = Workbook()
7.  sheet = workbook. active
8.
9.  #Let's create some sample sales data
10. rows = [
11.     ["", "January", "February", "March", "April",
12. "May", "June", "July", "August", "September",
13. "October", "November", "December"],
14.     [1, ],
15.     [2, ],
16.     [3, ],
17. ]
18.
19. for row in rows:
20.     sheet. append(row)
21.
22. for row in sheet. iter_rows(min_row=2,
23.                             max_row=4,
24.                             min_col=2,
25.                             max_col=13):
26. for cell in row:
27.         cell. value = random. randrange(5, 100)
28.
29. chart = LineChart()
30. data = Reference (worksheet=sheet,
31.                 min_row=2,
32.                 max_row=4,
33.                 min_col=1,
34.                 max_col=13)
35.
36. chart. add_data(data, from_rows=True, titles_from_data=True)
37. sheet. add_chart(chart, "C6")
38.
39. workbook. save("line_chart. xlsx")
```

效果如图 9-9 所示添加了折线图的表格。

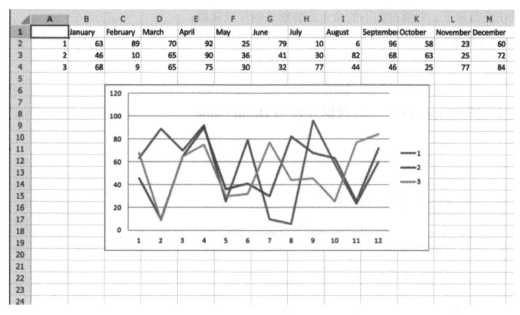

图 9-9　添加了折线图的表格

9.4　案例：亚马逊电子产品销售情况分析

本节介绍了亚马逊电子产品销售情况分析的一个案例，请在实际数据中体会 Python 处理表格的便捷之处。

9.4.1　背景与前期准备

本实例中使用的数据为 Consumer Reviews of Amazon Dataset 中的一部分，读者可以在随书的资料中找到名为 "Consumer_Reviews_of_Amazon.xlsx" 的文件。 "Consumer Reviews of Amazon Dataset" 有超过 34,000 条针对 Amazon 产品（如 Kindle、Fire TV Stick 等）的消费者评论，以及 Datafiniti 产品数据库提供的更多评论。数据集中包括基本产品信息、评分、评论文本等相关信息。本节提供的数据截取了数据集中的一部分，完整的数据集可从 Datafiniti 的网站获得。

通过这些数据，读者可以了解亚马逊的消费电子产品销售情况，分析每次交易中消费者的评论，甚至可以进一步构建机器学习模型来对产品的销售情况进行预测，比如：

● 最受欢迎的亚马逊产品是什么？
● 每个产品的初始和当前顾客评论数量是多少？
● 产品发布后的前 90 天内的评论与产品价格相比如何？
● 产品发布后的前 90 天内的评论与可销售的日子相比如何？

将评论文本中的关键字与评论评分相对应，训练情感分类模型。

本节主要聚焦于数据的可视化分析，展示了如何使用 openpyxl 读取数据，如何与 Pandas、Matplotlib 等工具交互，以及如何将其他工具生成的可视化结果重新导回到 Excel 中。

读者需要首先新建一个工作目录，并将 "Consumer_Reviews_of_Amazon.xlsx" 复制到当前的工作目录下，并通过如下的命令安装额外的环境依赖：

```
1.  # 代码清单 24
2.  pip install numpy matplotlib sklearn pandas Pillow
```

准备完成后就可以开始本次实验了。

9.4.2　使用 openpyxl 读取数据并转为 DataFrame

```
1.  # 代码清单 25
2.  import pandas as pd
3.  from openpyxl import load_workbook
4.
5.  workbook = load_workbook(filename="Consumer_Reviews_of_Amazon.xlsx")
6.  sheet = workbook.active
7.
8.  data = sheet.values
9.
10. #Set the first row as the columns for the DataFrame
11. cols = next(data)
12. data = list(data)
13.
14. df = pd.DataFrame(data, columns=cols)
```

如代码清单 25 所示，首先在第 5 行加载准备好的文件，并在第 6 行获得默认工作表 sheet，在第 8 行通过 sheet 的 value 属性提取工作表中所有的数据。在第 11 行，将 data 的第一行单独取出，作为 Pandas 中 DataFrame 的列名，然后在 12 行将 data 生成器转化为 Python List（注意，这里的 Python List 中不包含原工作表中的第一行，请读者们自行思考原因）。最后，在第 14 行将数据转化为 DataFrame 留作下一步使用。

9.4.3　绘制数值列直方图

得到待分析的数据后，通常要做的第一步就是统计各列的数值分布，使用直方图的形式直观展示出来，我们将自定义一个较为通用的直方图绘制函数。这个函数将表中所有数值可枚举（2~50 种）的列使用直方图展示出来。如代码清单 26 所示。

```
1.  # 代码清单 26
2.  from mpl_toolkits.mplot3d import Axes3D
3.  from sklearn.preprocessing import StandardScaler
4.  import matplotlib.pyplot as plt # plotting
5.  import numpy as np # linear algebra
6.  import os # accessing directory structure
7.
8.  # Distribution graphs(histogram/bar graph) of column data
9.  def plotPerColumnDistribution(df, nGraphShown, nGraphPerRow):
10.     nunique = df.nunique()
11.     df = df[[col for col in df if nunique[col] > 1 and nunique[col] < 50]] # For displaying purpo-
ses, pick columns that have between 1 and 50 unique values
12.     nRow, nCol = df.shape
13.     columnNames = list(df)
14.     nGraphRow = (nCol + nGraphPerRow - 1) / nGraphPerRow
```

```
15.        plt. figure( num = None, figsize = ( 6 * nGraphPerRow, 8 * nGraphRow), dpi = 80, facecolor
    = 'w', edgecolor = 'k')
16.   for i in range( min( nCol, nGraphShown)):
17.        plt. subplot( nGraphRow, nGraphPerRow, i + 1)
18.        columnDf = df. iloc[ :, i]
19.   if   ( not np. issubdtype( type( columnDf. iloc[ 0]), np. number)):
20.             valueCounts = columnDf. value_counts( )
21.             valueCounts. plot. bar( )
22.   else:
23.             columnDf. hist( )
24.        plt. ylabel('counts')
25.        plt. xticks( rotation = 90)
26.        plt. title( f'{ columnNames[ i]} (column {i})')
27.   plt. tight_layout( pad = 1. 0, w_pad = 1. 0, h_pad = 1. 0)
28.   plt. show( )
29.   plt. savefig('. /ColumnDistribution. png')
30.
31. plotPerColumnDistribution( df, 10, 5)
```

plotPerColumnDistribution 函数接受三个参数，df 为 DataFrame，nGraphShown 为图总数的上限，nGraphPerRow 为每行的图片数。在第 10 行首先使用 pandas 的 nunique 方法获得每一列的不重复值的总数量，在第 11 行将不重复值总数在 2~50 之间的列保留，其余剔除。第 12~15 行计算总行数，并设置 Matplotlib 的画布尺寸和排布。从 16 行开始依次绘制每个子图。绘制过程中需要区分一下值的类型，如果该列不是数值类型，则需要对各种值的出现数量进行统计，并通过 plot. bar( )方法绘制到画布上（第 19~21 行）；如果该列是数值类型，则只需要调用 hist( )函数即可完成绘制（第 23 行）。在第 24~26 行设置图题以及坐标轴标签。第 27~28 行调整布局后即可通过 plt. show( )查看绘制结果，如图 9-10 所示。

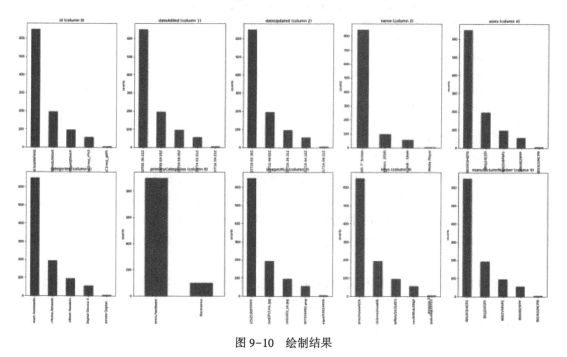

图 9-10　绘制结果

9.4.4 绘制相关性矩阵

相关性矩阵是表示变量之间的相关系数的表。表格中的每个单元格均显示两个变量之间的相关性。通常在进行的数据建模之前需要计算相关性矩阵，有下面三个主要原因：

1）通过相关性矩阵图表，可以较为清晰直观地看出数据中的潜藏特征

2）相关性矩阵可以作为其他分析的输入特征。例如，使用相关矩阵作为探索性因素分析，确认性因素分析，结构方程模型的输入，或者在线性回归时用来成对排除缺失值。

3）作为检查其他分析结果时的诊断因素。例如，对于线性回归，变量间相关性过高则表明线性回归的估计值是不可靠的。

同样，在本节将会定义一个较为通用的相关性矩阵构建函数，如代码清单 27 所示。

```
1.   # 代码清单 27
2.   def plotCorrelationMatrix( df, graphWidth)：
3.       filename = df. dataframeName
4.       df = df. dropna('columns') # drop columns with NaN
5.       df = df[[col for col in df if df[col]. nunique( ) > 1]] # keep columns where there are more than 1
     unique values
6.   if df. shape[1] < 2：
7.   print(f'No correlation plots shown：The number of non-NaN or constant columns ({df. shape[1]}) is
     less than 2')
8.   return
9.       corr = df. corr( )
10.      plt. figure(num=None, figsize=(graphWidth, graphWidth), dpi=80, facecolor='w', edgecolor='k')
11.      corrMat = plt. matshow(corr, fignum = 1)
12.      plt. xticks(range(len(corr. columns)), corr. columns, rotation=90)
13.      plt. yticks(range(len(corr. columns)), corr. columns)
14.      plt. gca( ). xaxis. tick_bottom( )
15.      plt. colorbar(corrMat)
16.      plt. title(f'Correlation Matrix for {filename}', fontsize=15)
17.      plt. show( )
18.      plt. savefig('. /CorrelationMatrix. png')
19.
20.  df. dataframeName = 'CRA'
21.  plotCorrelationMatrix( df, 8)
```

在第 3 行获得当前的表名（注意：手动构建的 Dataframe 需要手工指定 dataframeName，如第 20 行）。第 4 行将表中的空值全部丢弃。第 5 行将所有值都相同的列全部丢弃。这时，如果列数小于 2，则无法进行相关性分析，打印警告并直接返回。第 9 行通过 corr( )方法获得相关性矩阵的原始数据，第 11~18 行设置画布并绘制，最终的效果如图 9-11 相关性矩阵所示。

在图 9-11 中，颜色越浅则相关性越高。通过这张图我们可以看到，用户是否对商品进行打分与是否进行评论的相关性很强。这表明评论与打分是两个关联极强的因素，可以进一步设计模型来根据其中一个来预测另一个。

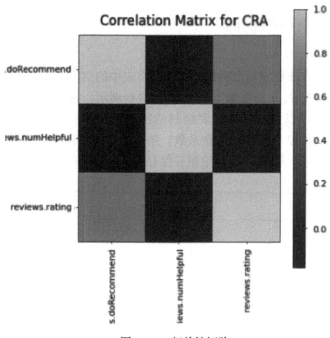

图 9-11　相关性矩阵

9.4.5　绘制散布矩阵

散布矩阵（Scatter Plot Matrix）又叫 Scagnostic，是一种常用的高维度数据可视化技术。它将高维度的数据每两个变量组成一个散点图，再将它们按照一定的顺序组成散点图矩阵。通过这样的可视化方式，能够将高维度数据中所有的变量两两之间的关系展示出来。Scatter Plot Matrix 最初是由 John and Paul Turkey 提出的，它能够让分析者一眼就看出所有变量的两两相关性。

下面将介绍如何构建一个简单的散布矩阵函数，如代码清单 28 所示：

```
1.    # 代码清单 28
2.    def plotScatterMatrix( df, plotSize, textSize) :
3.        df = df. select_dtypes( include = [ np. number] ) # keep only numerical columns
4.    # Remove rows and columns that would lead todf being singular
5.        df = df. dropna( 'columns')
6.        df = df[ [ col for col in df if df[ col]. nunique( ) > 1] ] # keep columns where there are more than 1
      unique values
7.        columnNames = list( df)
8.    if len( columnNames) > 10: # reduce the number of columns for matrix inversion of kernel density plots
9.    columnNames = columnNames[ :10]
10.   df = df[ columnNames]
11.       ax = pd. plotting. scatter_matrix( df, alpha=0. 75, figsize= [ plotSize, plotSize] , diagonal='kde')
12.       corrs = df. corr( ). values
13.   for i, j in zip( * plt. np. triu_indices_from( ax, k = 1) ) :
14.           ax[ i, j]. annotate( 'Corr. coef = %. 3f' % corrs[ i, j] , ( 0. 8, 0. 2), xycoords ='axes fraction',
      ha='center', va='center', size=textSize)
15.       plt. suptitle( 'Scatter and Density Plot')
```

```
16.        plt. show( )
17.        plt. savefig( './ScatterMatrix. png')
18.
19. plotScatterMatrix( df, 9, 10)
```

代码第 3 行去除所有非数字类型的列，第 5 行将表中的空值全部丢弃。第 6 行将所有值都相同的列全部丢弃。第 7、8 行截取了前 10 列来进行展示，这是因为如果列数过多会超出屏幕的显示范围，读者可以自行选择需要绘制的特定列。第 11 行通过 pd. plotting. scatter_matrix 来初始化画布，第 12 行获取相关性系数。第 13、14 行将依次获取不同的列组合，并绘制该组合的相关性图表。第 15~17 行绘制并保存图片。最终的可视化结果如图 9-12 所示散布矩阵。

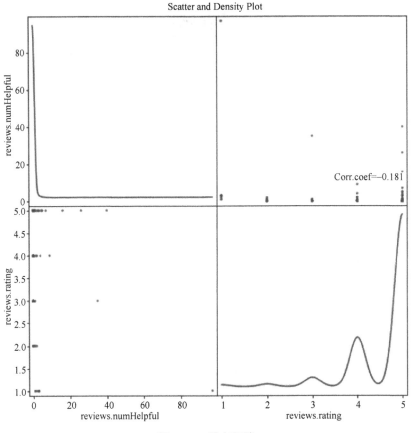

图 9-12　散布矩阵

在图 9-12 散布矩阵中从左上到右下的对角线展示了 numhelpful 和 rating 的数据分布：可以看到绝大多数商品的 numhelpful 数量为零，而其他数量的分布比较平均。而绝大部分商品的 rating 则为 5 分，20% 左右的商品是 4 分，低于 4 分的数量较少。从左下到右上的散点图展示了数据在交叉的两个维度上的分布，绝大部分的 helpful 评价都来源于打分为 5 分的商品，且分数越低，出现 helpful 评价的概率越小，这符合我们日常生活的直觉。

9.4.6　将可视化结果插入回 Excel 表格中

前面几个小节的可视化图表都以 png 的图片格式存储在了工作路径中，下面将向读者演示如何将图片插入回 Excel 工作簿中。

```
1.    # 代码清单 29
2.    from openpyxl import Workbook
3.    from openpyxl. drawing. image import Image
4.
5.    workbook = Workbook( )
6.    sheet = workbook. active
7.
8.    vis = Image("ScatterMatrix. png")
9.
10.   # A bit of resizing to not fill the whole spreadsheet with the logo
11.   vis. height = 600
12.   vis. width = 600
13.
14.   sheet. add_image(vis, "A1")
15.   workbook. save(filename = "visualization. xlsx")
```

代码清单 29 首先创建了一个新的工作表，而后通过 openpyxl 的 image 模块加载了已经预先生成的 ScatterMatrix. png。在调整了图片的大小后，将其插入到 A1 单元格中，最后保存工作簿。流程十分清晰简单，visualization. xlsx 最终的效果如图 9-13 所示。

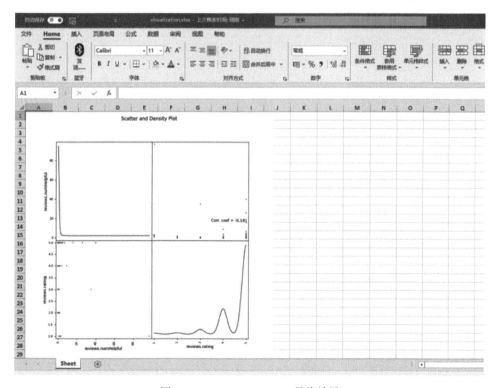

图 9-13　visualization. xlsx 最终效果

通过本章的若干案例，向读者们展示了如何使用 Python 的 openpyxl 库来创建 Excel 表单、迭代访问数据、添加数据、添加公式、添加条件格式和图表，基本涵盖了日常操作 Excel 进行自动化办公的需求。此外，本章还介绍了如何在 openpyxl 的基础上引入其他更复杂的 Python 编程库进行可视化分析，并将分析结果再次存储回 Excel 表单中。虽然初次使用编程工具进行数据操作会有很多难以习惯的地方，但是编程工具可以使大量需要手工重复的工序自动化，让每次的工作可复制、可拓展，帮助读者完成更多看似不可能的任务。Openpyxl 还有许多强大的功能在本章中没有提及，读者可以参考官方文档进行更多的探索。

第 10 章
R 数据可视化方法

R 语言是统计学常用的语言之一，拥有十分强大的数据可视化功能。本章将对其可视化部分的代码进行介绍。

10.1　R 语言概述

R 是用于统计分析、绘图的语言，是属于 GNU 系统的一个自由、免费、源代码开放的软件，是一个用于统计计算和统计制图的优秀工具。

10.1.1　R 语言的特点

R 语言有以下几个特点。

1）R 是完全免费、开源的，非常能体现共享精神的项目，其源代码能在 GitHub 上找到托管，如图 10-1 所示，可以找到相应的托管源代码的 GitHub 仓库。可以在它的网站或 CRAN 镜像中下载任何有关的安装程序、源代码、程序包及其文档资料。标准的安装文件本身就带有许多模块和内嵌统计函数，安装好后可以直接实现许多常用的统计功能，并且 R 语言下载完后就自带很多经典的数据集，供用户使用学习。

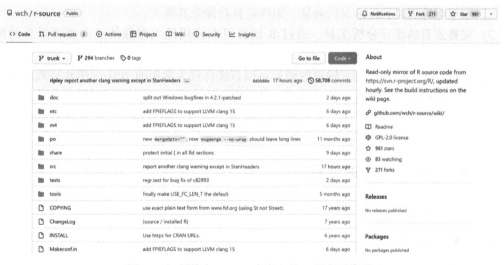

图 10-1　托管在 GitHub 仓库上的 R 语言源代码

2）R 是一种可编程的语言。作为一个开放的统计编程环境，其语法通俗易懂，很容易学会和掌握。而且由于 R 语言的开源性，用户可以编制自己的函数来扩展现有的语言，除了官方的程序包外，R 语言有很多程序包都是世界各地广大 R 语言开发者提供的。这也是为什么它的更新速度比一般统计软件（如 SPSS、SAS 等）要快得多，并且也能实现更多的功能。

3）所有 R 的函数和数据集是保存在程序包里面的。只有当一个包被载入时，它的内容才可以被访问。一些常用、基本的程序包已经被收入了标准安装文件中，而不用单独下载，随着新的统计分析方法的出现，标准安装文件中所包含的程序包也随着版本的更新而不断变化。

4）R 具有很强的互动性。R 除了图形输出需要打开外部窗口外，其他功能涉及的输入输出都是在同一个窗口进行的。输入语句如果出现语法错误会马上在窗口中得到提示，对以前输入过的命令有记忆功能，可以随时再现、编辑修改以满足用户的需要。输出的图形可以直接保存为 JPG、BMP、PNG 等图片格式，还可以直接保存为 PDF 文件。另外，R 和其他编程语言和数据库之间有很好的接口。

5）R 语言及其安装包可使用 CRAN 镜像下载站便捷获取。CRAN 为 Comprehensive R Archive Network 的简称。除了收录了 R 语言的下载版、源代码和说明文件以外，也收录了各种用户撰写的软件包。截至现在，全球有超过一百个 CRAN 镜像站。R 语言也有域名为 .cn 的下载地址，即设置在中国内地的 R 语言镜像下载站，使用这些镜像进行 R 语言相关下载的优点在于可以提高用户的下载速度，并且避免使用全球其他地区或者官方镜像站下载的物理延迟造成的低下载速度或连接错误。

10.1.2　R 语言的功能特征

R 是一套完整的数据处理、计算和制图软件系统。其功能主要包括：

1）R 语言有强大的数据存储和处理系统，除了使用各种数学或统计工具进行数据的处理，R 语言本身也提供了强大的数据存储处理系统，在 R 语言中可以完成数据的初步存储与处理。

2）数组运算工具，R 语言的向量、矩阵运算功能尤其强大。

3）完整连贯的统计分析工具，通过 R 语言可以使用绝大多数的经典或者最新的统计方法。

4）优秀的统计制图功能，输出的图形可以直接保存为常用的 JPG 等图片格式，也可以直接保存为 PDF 格式。之所以特别强调，是因为如果存成 PDF 格式可以保存为矢量图。

5）基于 R 语言的可编程性，R 也是一个简便而强大的编程语言，可操纵数据的输入和输出，可实现分支、循环，用户也可自定义功能。

10.2　R 语言数据处理流程

本节着重介绍 R 语言在数据处理方面的功能与使用流程。

10.2.1　R 语言的安装

在开始用 R 语言进行数据处理之前，掌握 R 语言本体环境的安装配置以及 R 语言程序包的安装过程是非常有必要的。

（1）安装 R 语言

进入 R 语言官方的 CRAN 镜像，https://cran.r-project.org，官方镜像的下载页面如

图 10-2 所示，在页面顶部提供了三个下载链接，分别对应三种操作系统：Windows、Mac 和 Linux，在本章会全程在 Windows 版本的 R 环境下运行相关案例，所以此处以 Windows 版本为例继续下载。关于其他系统版本的下载，值得注意的一点是，由于 Linux 开源，系统有许多版本，使得 Linux 的 R 语言安装包也有很多版本，所以在 Linux 系统上的下载要更加注意对照其系统版本。

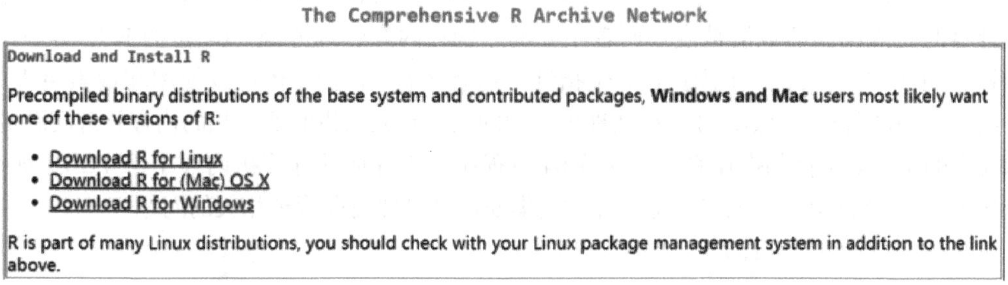

图 10-2　R 语言官方镜像的下载页面

接下来单击"Download R for Windows"→"base"→"Download R 4.0.2 for Windows"，这一过程如图 10-3 和图 10-4 所示，即可下载相应安装包，从图 10-4 可以看出如果下载 Windows 版本是不需要考虑是 32 位还是 64 位系统的，单击下载会同时下载 32 位和 64 位的安装包，当然后面介绍安装时可选安装 32 位还是 64 位。

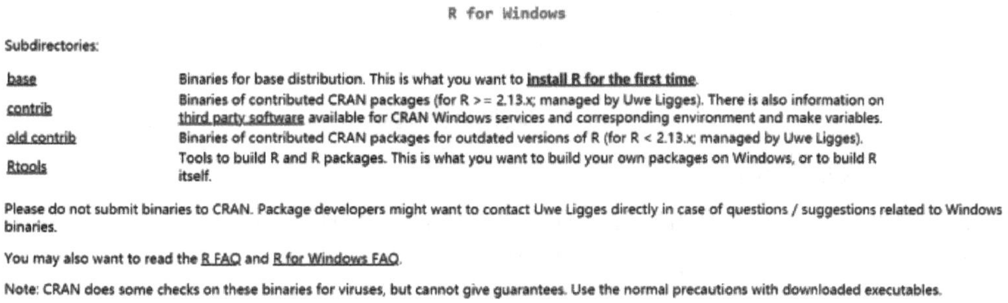

图 10-3　在 R for Windows 页面下选择 base 进入下载

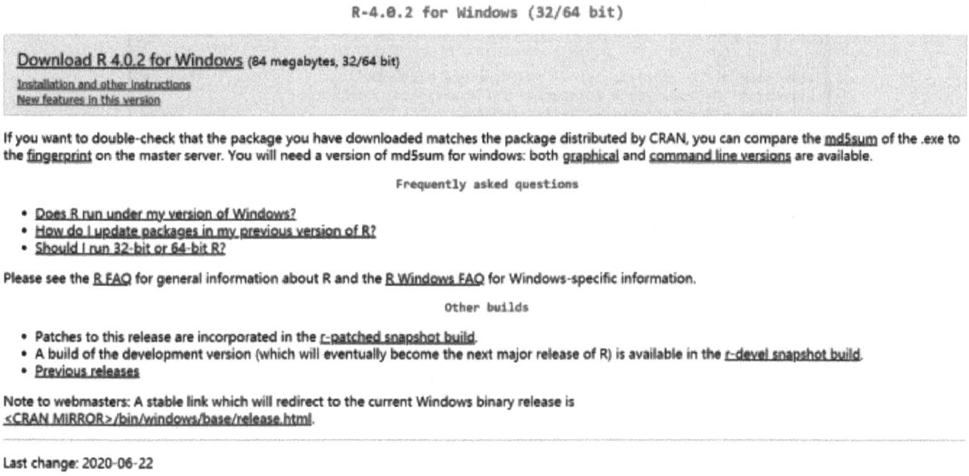

图 10-4　下载 Windows 版本 R 语言

113

下载完成后单击相应的可执行文件（.exe）开始安装，在安装组件的选项中，如图 10-5 所示，呼应了之前图 10-4 中所提及的"下载整合了 32 位和 64 位的安装包"。而在安装过程中需要选择安装适合系统的版本。因为演示用的计算机使用 64 位的 Windows 系统，会自动去掉 32 位的选项。当然在使用 64 位系统的计算机时可以选择安装 32 位的组件并且能够运行，32 位系统则不能兼容 64 位的组件。32 位和 64 位的 R 语言组件大体相同，略有差别。首先两个版本均使用 32 位整数，所以整数类型和 C 等语言中的 int 类型是一致的，在涉及数值计算时具有相同的数值精度。两者主要的差别在内存管理方面。64 位的 R 使用了 64 位的指针，而 32 位的 R 使用的则是 32 位指针。这意味着 64 位的 R 可以使用和搜索更大的内存空间，也意味着 64 位版本的 R 在处理更大型的文件和数据集时所面临的内存管理问题更少。必须注意的是，如果你的操作系统不支持 64 位程序，或者你的计算机内存小于 4 GB，那么应该选择 32 位版本的 R，以免在大型文件数据集处理时出现内存管理相关的问题。

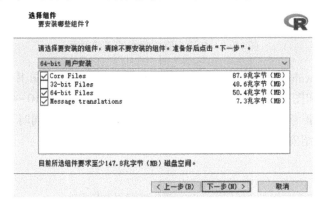

图 10-5　组件安装的选项

（2）R 语言环境与 IDE

根据需要安装完 R 的所有组件后，即可打开 R 的原生 IDE，界面如图 10-6 所示，可以看出 R 的原生 IDE 即 RGui 功能和界面相对比较简单。

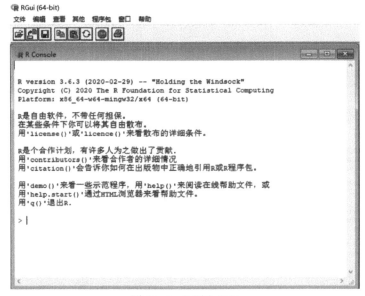

图 10-6　R 原生 IDE

如果需要更强大的 IDE 以使用更强大的开发环境，推荐使用 RStudio，打开官网 http://www. rstudio. com/ide 以获取下载，官网主界面如图 10-7 所示。

图 10-7　RStudio 主界面

RStudio 有 Desktop 和 Server 版本可供下载，如图 10-8 所示。在本章中使用的是 RStudio Desktop，也推荐初学者使用 Desktop 版本。下载也分开源版本和商业版本，这里选择开源版本免费下载。

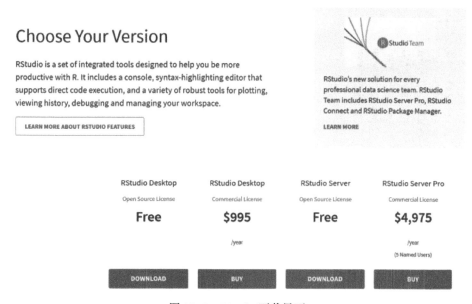

图 10-8　RStudio 下载界面

下载安装完成后打开 RStudio，界面如图 10-9 所示，左侧是 R 命令行，可以输入指令运行程序包，右侧则是与 R 原生 IDE 所不同的地方，上方可以预览各种数据，下方有预览文件、预览图像、预览程序包和帮助页面的选项卡。下面举预览文件和预览程序包的例子，详细说明 RStudio 作为 IDE 更为强大的功能。

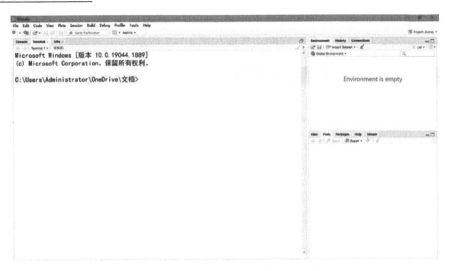

图 10-9　RStudio 界面

　　选择 Files 选项，预览文件，其强大之处在于可以直接导入而不用手动输入指令导入，同时 RStudio 提供了强大的功能以便于用户在导入文件时直观地设置各项参数，如指定各列的数据类型，比如在统计分析常用的 csv 文件设置中（见图 10-10），可以设置 csv 文件的分隔方式，或者修改文件的编码方式以避免乱码，这些在 console 命令行中其实就是一行指令函数加入的参数，但是在 RStudio IDE 下不需要用户手动输入调整参数，减少了导入文件的麻烦。

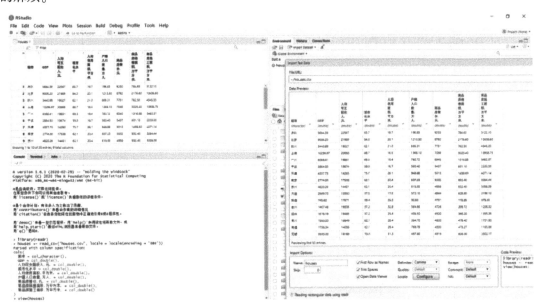

图 10-10　以 csv 文件设置为例介绍 RStudio 文件处理

　　选择 Packages 选项，如图 10-11 所示，就可以预览当前安装的所有可用的 R 程序包，并且可以查看引用状态，也可以单击每一行左侧来引用需要的程序包。RStudio 提供安装与更新功能，其中安装可以选择从 CRAN 镜像安装或者打开本地的压缩文件，非常便利。RStudio 将这些功能集成在一起，很大程度上方便了用户的使用。

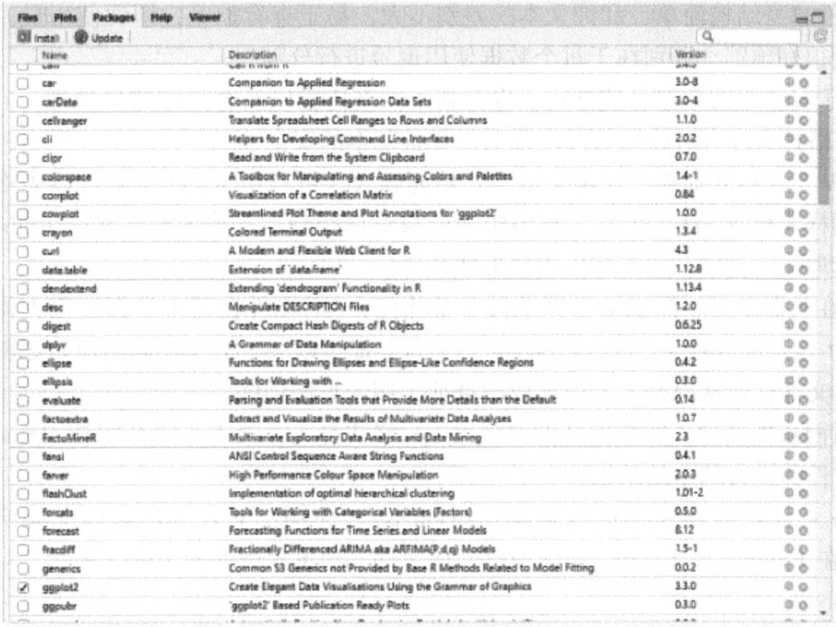

图 10-11　在 Packages 页面查看或管理 R 程序包

10.2.2　R 语言数据处理流程

本小节重点介绍使用 R 语言处理数据的流程，因为 R 语言功能繁多十分强大，受限于篇幅不能全部介绍，接下来将从数据导入这一流程讲解用 R 语言进行数据处理的流程与思想。

1）提出问题：确定了数据处理分析或挖掘的目标和具体对象。

2）数据采集：采集原始数据，一种是利用文件的 I/O 函数打开现有的文件，另一种则是用其他手段（如网络爬虫、数据库方法）获取原始数据，原始数据接下来需要进行数据处理。

3）数据清洗：包括数据解析、排序、合并、筛选、缺失值插补以及其他各种数据转化和数据组织过程，最终得到一个适合数据分析的数据结构。

4）基础数据分析：进行基本的探索性数据分析，包括计算数据的汇总、采用基本的统计、聚类以及可视化方法来帮助用户更好地理解数据的特征，还可以通过图形来展现发现数据的主要性质、变化趋势，以及孤立点等。

5）高级数据分析：借用机器学习的方法基于训练数据生成预测模型，然后使用预测模型对目标数据进行预测。

6）为了评估生成的模型是否在给定领域能够得到最优的结果，还要进行模型的筛选。该任务通常包括多个步骤，包括参数的预处理、参数调优、机器学习算法切换。

在介绍完上述的数据分析或挖掘的步骤后，本节的重点是介绍用 R 语言进行数据处理，其实就是对应了在数据导入 R 语言后进行数据清洗和基础数据分析的过程，再后面涉及机器学习的部分就超出本章的范围了。

在 R 语言进行数据处理，首先需要导入存有数据的文件，然后再读取进行分析，最常见的数据导入是 csv 格式，其主要优势是：

117

1）文件自身结构简单，和纯文本的差别不大，易于查看预览，即便使用最简单的文本编辑器也能很好预览，区别在于每个数据使用逗号进行分隔。

2）属于轻量级的数据存储方式，也有利于网络传输以及客户端的再处理；同时 csv 不像 Excel 等格式文件有对数据的过多说明，具备基本的安全性。

3）SCV 文本格式简单，比纯文本格式功能强大，可以用 Excel 等软件以表格的形式进行读取并同样支持 Excel 的部分表格编辑功能与数据处理。支持表格读取的 RStudio IDE 软件也支持读取 csv 文件，并支持以表格形式预览。

4）现在机器学习、深度学习等学科非常热门，csv 文件在其中发挥着很大作用，比如在训练 NLP 应用的算法中，诸如 Kaggle 等平台会提供以 csv 格式存储的原始语料，让学习者也用 csv 文件存储从原始文本中提取的特征，用于算法训练。

本章后面从外部导入的数据文件都将以 csv 格式导入，接下来将介绍在 RStudio 中打开预览 csv 文件并进行基本的编辑。

以网络上著名的垃圾邮件数据集（spambase）为例，下载到的数据集命名为 spambase.csv，在 RStudio 中于 Files 选项中打开该文件，预览界面如图 10-12 所示。

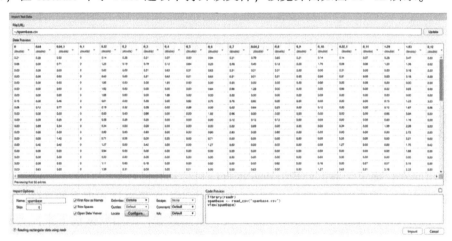

图 10-12　在 RStudio 中打开 spambase.csv 的预览界面

（1）编码问题

因为 spambase.csv 的数据全部为纯数字，所以不存在编码问题，但是比如打开有中文文本的 csv 文件，RStudio 默认使用 UTF-8 进行编码，如果部分含中文或其他非 ASCII 字符文本，而采用了其他编码方式，则会出现如图 10-13 所示的文本乱码。

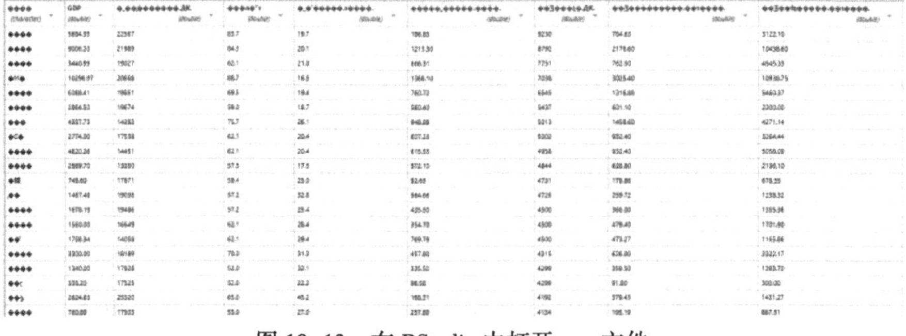

图 10-13　在 RStudio 中打开 csv 文件

解决文本乱码的方法是在界面下方（见图 10-14）找到 Locale 选项单击 Configure，找到 Encoding 选项，更改 csv 文件的编码方式，以解决乱码问题。

（2）列的名称问题

在 RStudio 导入 csv 文件后，每一列在 R 语言的处理中会默认将第一行的数据（不管什么类型）作为变量命名，如图 10-12 中界面下方的 "First Row as Names" 为默认选项，而在 spambase. csv 文件中，所有的数据全是纯数字，R 语言不允许出现以数字开头的变量名称，同时 "First Row as Names" 默认选项也会破坏数据完整性，如图 10-15 所示。解决的方法是取消勾选 "First Row as Names" 这一选项，之后 RStudio 会为每一列进行默认的命名，如图 10-16 所示。

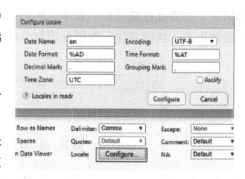

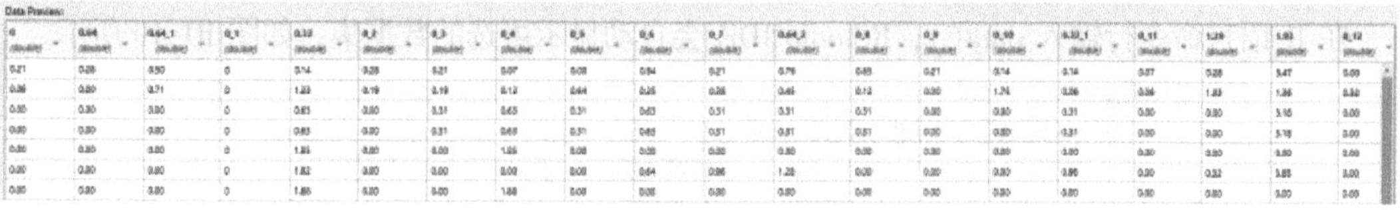

图 10-14 设置文件编码方式解决乱码问题

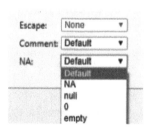

图 10-15 默认将第一行作为命名会出现问题的示例

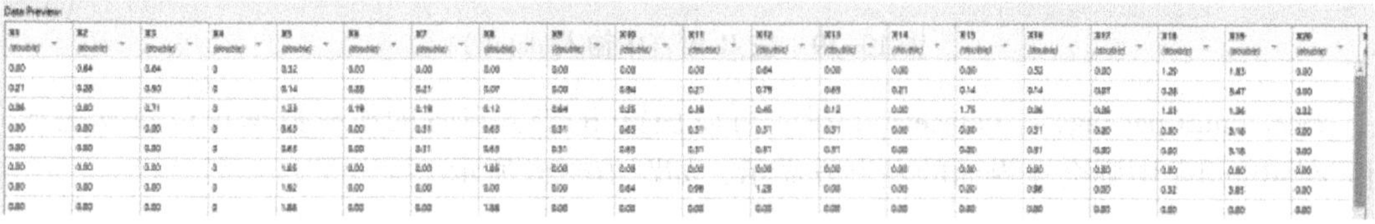

图 10-16 RStudio 为每一列进行默认命名

（3）在预览界面对于缺省数据的预处理

在文本预览中大量用逗号分隔的数据，看不出来 csv 文件哪一行哪一列是有缺失的，而在表格环境预览下数据有缺失则能直观地反映出来，在数据预览界面提供了处理数据缺失的选项设置，可以设置将缺失部分进行填充，如图 10-17 所示。比如缺失填充选项选择为 "NA" 后，在之后的数据处理中 R 语言会自动设置 "NA" 的项不参与任何计算。当然如果在实际数据处理中遇到数据的缺失，不用急于进行默认填充，从而在计算中被忽略或者简单地设置为 0 这种空值，事实上有些 Kaggle 的练习赛会刻意设置一些数据缺失项，然后让学习者自行通过其他数据的特征对缺失值进行估算然后填充，这告诉我们盲目地对缺失值进行填充会影响数据处理的结果。

图 10-17 数据缺失时的处理选项

到此为止，进行必要的编码、列变量名称和数据缺失选项的设置后，基本上可以保证从 csv 文件导入的数据能够正常进行处理，图 10-12 中预览界面的右下方如图 10-18 所示，可以预览在 R 语言中实际用于文件导入以及各项参数设置的指令代码，这也再次印证了 RStudio 这类软件作为 R 语言的 IDE 的强大之处，不然在导入文件时都要手动输入各项参数和指令，会降低数据处理的效率。R 语言的 IDE 完全可以将用户从一些不必要的指令代码中解放出来，从而专注于数据处理与分析。

图 10-18　实际被执行的 R 语言代码预览

10.3　案例：mtcars 和 AirPassengers 数据集分析

接下来通过两个例子讲解更换使用的数据集，这里选择使用著名的 mtcars 和 AirPassengers 数据集，顺便补充介绍 R 语言自带的大量经典数据集，这些经典数据集容易加载，可用性高，适合进行各种数据处理分析或者更高级的挖掘建模工作。

在 R 语言命令行输入 data( )，RStudio IDE 会自动显示可选的数据集，如图 10-19 所示。

图 10-19　在 R 语言中输入 data( )

输入 data(package = " datasets") 指令可以预览 R 语言自带的所有数据集以及其基本介绍，在 RStudio 中则会在界面的左上方显示，如图 10-20 所示。

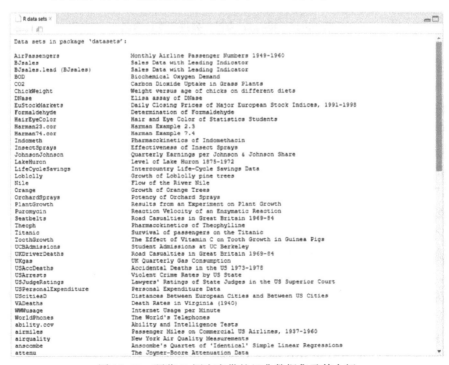

图 10-20　预览 R 语言自带的经典数据集及其介绍

另外，这些数据集的容易加载体现在无需加载任何程序包，只要正确输入数据集的名称，直接使用 View( ) 则可以预览这些数据集，比如输入 View(Titanic)，如图 10-21 所示，可以直接预览名为 Titanic 的数据集。

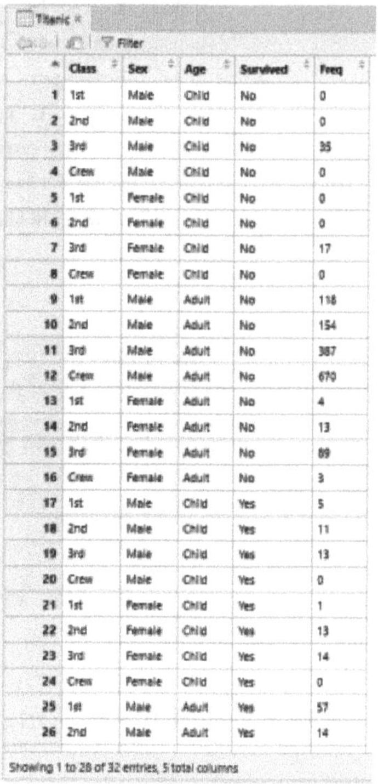

Titanic × Filter

	Class	Sex	Age	Survived	Freq
1	1st	Male	Child	No	0
2	2nd	Male	Child	No	0
3	3rd	Male	Child	No	35
4	Crew	Male	Child	No	0
5	1st	Female	Child	No	0
6	2nd	Female	Child	No	0
7	3rd	Female	Child	No	17
8	Crew	Female	Child	No	0
9	1st	Male	Adult	No	118
10	2nd	Male	Adult	No	154
11	3rd	Male	Adult	No	387
12	Crew	Male	Adult	No	670
13	1st	Female	Adult	No	4
14	2nd	Female	Adult	No	13
15	3rd	Female	Adult	No	89
16	Crew	Female	Adult	No	3
17	1st	Male	Child	Yes	5
18	2nd	Male	Child	Yes	11
19	3rd	Male	Child	Yes	13
20	Crew	Male	Child	Yes	0
21	1st	Female	Child	Yes	1
22	2nd	Female	Child	Yes	13
23	3rd	Female	Child	Yes	14
24	Crew	Female	Child	Yes	0
25	1st	Male	Adult	Yes	57
26	2nd	Male	Adult	Yes	14

Showing 1 to 28 of 32 entries, 5 total columns

图 10-21　预览 Titanic 数据集

10.3.1　数据集

"mtcars" 即 Motor Trend Car Road Tests，可以使用函数 data( )调用该数据集。mtcars 来源于 1974 年《美国汽车趋势》杂志，在 R 语言中，它是一个数据框类型数据，有 11 个变量，包含 32 个观测值，查看其前 6 行数据如下(见图 10-22)。

其中列名为车辆的类型，mpg（miles per gallon）表示每英里油耗数（单位：加仑），cyl（number of cylinders）表示油缸数，disp(displacement）表示排放量，hp(gross horsepower）表示总马力，drat（rear axle ratio）表示后轴比，wt（weight）表示重量（单位：1000 磅），qsec(quarter mile time）表示四分之一英里时，vs(V-shapedor straight）表示引擎类型，属于虚拟变量，vs=0 表示为 V 型，vs=1 表示为直线型，am(automatic or manual）表示变速器类型，属于虚拟变量，am=0 表示为自动挡，am=1 表示手动挡，gear 表示前进挡个数，carb(carburetors）表示化油器数量。

	mpg	cyl	disp	hp	drat	wt	qsec	vs	am	gear	carb
Mazda RX4	21.0	6	160	110	3.90	2.620	16.46	0	1	4	4
Mazda RX4 Wag	21.0	6	160	110	3.90	2.875	17.02	0	1	4	4
Datsun 710	22.8	4	108	93	3.85	2.320	18.61	1	1	4	1
Hornet 4 Drive	21.4	6	258	110	3.08	3.215	19.44	1	0	3	1
Hornet Sportabout	18.7	8	360	175	3.15	3.440	17.02	0	0	3	2
Valiant	18.1	6	225	105	2.76	3.460	20.22	1	0	3	1

图 10-22　mtcars 数据内容

接下来将通过该案例的两个问题来进行讲解：

1）绘制不同车型的每英里油耗（单位：加仑）的散点图。

2）mtcars 数据集有一项参数是汽车的油缸数，不同车型的每英里油耗与其油缸数必然有关系，新绘制的散点图要体现出按照油缸数进行分类。

对于第一个问题散点图的绘制，使用函数 dotchart 进行散点图的绘制，dotchart 的可能参数如图 10-23 所示。

其中较为重要的参数的解释如下：

x 表示需要绘制的数据，通常为由数字组成的向量或矩阵，labels 为标签名，cex 表示字体的大小，groups 表示分组的依据，gcolors 表示分组标签的颜色，color 表示各组标签的颜色，pch 表示绘制散点的类型，main 表示标题，xlab 表示 x 轴的标签。代码实现如图 10-24 所示。

```
dotchart(x, labels = NULL, groups = NULL, gdata = NULL, offset = 1/8,
         ann = par("ann"), xaxt = par("xaxt"), frame.plot = TRUE, log = "",
         cex = par("cex"), pt.cex = cex,
         pch = 21, gpch = 21, bg = par("bg"),
         color = par("fg"), gcolor = par("fg"), lcolor = "gray",
         xlim = range(x[is.finite(x)]),
         main = NULL, xlab = NULL, ylab = NULL, ...)
```

图 10-23　dotchart( )函数参数列表

```
#利用dotchart函数绘制散点图
dotchart(mtcars$mpg,  #数据对象，横坐标为mtcars中mpg(每公里油耗)的取值

         labels = row.names(mtcars),          #纵坐标为车辆的类型

         cex = .7,                            #设置字体大小

         main = "Gas Mileage for Car Models", #设置标题

         xlab = "Miles Per gallon")           #设置横轴标签
```

图 10-24　散点图绘制代码实现

绘制结果如图 10-25 所示。

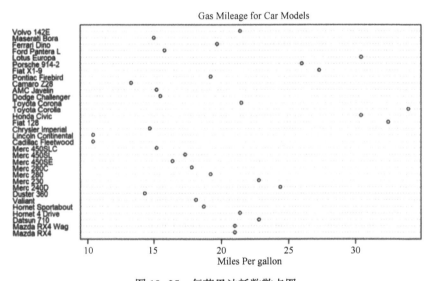

图 10-25　每英里油耗数散点图

这个散点图的绘制并不能反映什么规律，所以接下来新绘制的散点图要体现出按照油缸数进行分类。首先将 mtcars 中的数据按照 mpg 排序，生成一个因子类型数据，并用不同的颜色将油缸数不同的车辆进行区分，比如油缸数为 4 设置为红色，油缸数为 6 设置为蓝色，油缸数为 8 设置为绿色，再次绘制散点图，代码实现如图 10-26 所示。

绘制结果如图 10-27 所示，此时按照油缸数分类并排序再绘制后，很明显就能看出大致的规律是油缸数目越多，每英里油耗越低。

通过本案例的学习体会了 R 语言中实现可视化最基本的散点图的绘制，同时通过油缸数分类排序绘制更进阶的散点图，体会了加入分类因素，用排序等方式进一步处理数据实现更完善的数据分析的思想。

```
x<-mtcars[order(mtcars$mpg),]         #按照 mpg 排序
x$cyl <-factor(x$cyl)                 #将 cyl(油缸数)变成因子数据结构类型
x$color[x$cyl==4] <-"red"             #新建一个 color 变量,油缸数 cyl 不同,颜色不同
x$color[x$cyl==6] <-"blue"
x$color[x$cyl==8] <-"darkgreen"

#绘制散点图
dotchart(x$mpg,                       #每公里油耗,作为横坐标
         labels = row.names(x),       #纵坐标取车辆类型
         cex = .7,                    #字体大小
         groups = x$cyl,              #按照 cyl(油缸数)分组
         gcolor = "black",            #分组颜色为黑色
         color = x$color,             #数据点颜色取所属油缸数对应颜色
         pch = 19,                    #散点类型为 19 号
         main = "Gas Mileage for car modes \n grouped by cylinder", #标题
         xlab = "miles per gallon")   #x 轴标签
```

图 10-26　按油缸数分类的散点图绘制代码实现

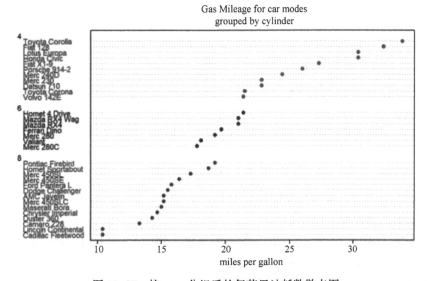

图 10-27　按 mpg 分组后的每英里油耗数散点图

10.3.2　AirPassengers 数据集

打开安装好的 Rstudio 并初步查看数据集,因为 R 语言自带数据集 AirPassengers,所以我们先输入 AirPassengers 查看这个数据集,如图 10-28 所示。

然后输入 class(AirPassengers) 来查看这个数据集的类别。显示数据集 AirPassengers 为时间序列数据,如图 10-29 所示。

绘制 1949~1960 年间每月航空乘客数折线,因为 AirPassengers 作为时间序列分析的典型数据集可以使用 R 语言时间序列分析的相关函数进行绘制。所以我们输入 plot(AirPassengers) 来绘制折线图。这是 R 语言针对时间序列分析的数据集模型自带的图功能。最后通过

Export 来导出该折线图，如图 10-30 所示。

```
> AirPassengers
     Jan Feb Mar Apr May Jun Jul Aug Sep Oct Nov Dec
1949 112 118 132 129 121 135 148 148 136 119 104 118
1950 115 126 141 135 125 149 170 170 158 133 114 140
1951 145 150 178 163 172 178 199 199 184 162 146 166
1952 171 180 193 181 183 218 230 242 209 191 172 194
1953 196 196 236 235 229 243 264 272 237 211 180 201
1954 204 188 235 227 234 264 302 293 259 229 203 229
1955 242 233 267 269 270 315 364 347 312 274 237 278
1956 284 277 317 313 318 374 413 405 355 306 271 306
1957 315 301 356 348 355 422 465 467 404 347 305 336
1958 340 318 362 348 363 435 491 505 404 359 310 337
1959 360 342 406 396 420 472 548 559 463 407 362 405
1960 417 391 419 461 472 535 622 606 508 461 390 432
```

```
> class(AirPassengers)
[1] "ts"
```

图 10-28　AirPassengers 数据集　　　　　　图 10-29　显示数据集类型

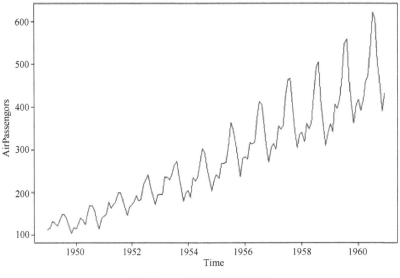

图 10-30　时间序列折线图

　　如果不使用 R 语言自带的对时间序列的绘图功能，可以对时间数据进行处理，自行绘制折线图达到类似的效果。

　　首先注意到 AirPassengers 是一个一维的数据集，调用 length( ) 查看数据集的长度，如图 10-31 所示，正好对应数据集从 1949 年 1 月到 1960 年 12 月共 144 个月，将数据提取出来，便有了纵轴绘制用的数据，而横轴绘制时因为不可能直接使用年月的值进行绘制，一个思路是将年月映射到对应的浮点数值上去，比如一年等分为 12 份，则某年月 X 年 Y 月到对应的浮点数值的转化是 X+（Y-1）/12，比如 1949 年 1 月对应 1949.0，而 1960 年 12 月对应 1960.917。

```
> length(AirPassengers)
[1] 144
```

图 10-31　调用 length( ) 查看数据集长度

　　接下来开始绘制，首先生成这样一个年份到数值的映射的长度为 144 的数组，R 语言中采用的是 seq( ) 函数，传入三个参数：起点、终点和步长，为了确保精确，我们不直接传入浮点值，改为算术表达式，如图 10-32 所示。

```
> arr<-seq(1949,1960+11.0/12.0,1/12.0)
> arr
  [1] 1949.000 1949.083 1949.167 1949.250 1949.333 1949.417 1949.500
  [8] 1949.583 1949.667 1949.750 1949.833 1949.917 1950.000 1950.083
 [15] 1950.167 1950.250 1950.333 1950.417 1950.500 1950.583 1950.667
 [22] 1950.750 1950.833 1950.917 1951.000 1951.083 1951.167 1951.250
 [29] 1951.333 1951.417 1951.500 1951.583 1951.667 1951.750 1951.833
 [36] 1951.917 1952.000 1952.083 1952.167 1952.250 1952.333 1952.417
 [43] 1952.500 1952.583 1952.667 1952.750 1952.833 1952.917 1953.000
 [50] 1953.083 1953.167 1953.250 1953.333 1953.417 1953.500 1953.583
 [57] 1953.667 1953.750 1953.833 1953.917 1954.000 1954.083 1954.167
 [64] 1954.250 1954.333 1954.417 1954.500 1954.583 1954.667 1954.750
 [71] 1954.833 1954.917 1955.000 1955.083 1955.167 1955.250 1955.333
 [78] 1955.417 1955.500 1955.583 1955.667 1955.750 1955.833 1955.917
 [85] 1956.000 1956.083 1956.167 1956.250 1956.333 1956.417 1956.500
 [92] 1956.583 1956.667 1956.750 1956.833 1956.917 1957.000 1957.083
 [99] 1957.167 1957.250 1957.333 1957.417 1957.500 1957.583 1957.667
[106] 1957.750 1957.833 1957.917 1958.000 1958.083 1958.167 1958.250
[113] 1958.333 1958.417 1958.500 1958.583 1958.667 1958.750 1958.833
[120] 1958.917 1959.000 1959.083 1959.167 1959.250 1959.333 1959.417
[127] 1959.500 1959.583 1959.667 1959.750 1959.833 1959.917 1960.000
[134] 1960.083 1960.167 1960.250 1960.333 1960.417 1960.500 1960.583
```

图 10-32　生成绘制年月的浮点数序列

能够得到需要的横轴绘制用的数据，再使用 data.frame( ) 函数，传入数组和乘客人数，建立绘制用的数据表，如图 10-33 所示。

```
> airp<-AirPassengers
> df<-data.frame(arr,airp)
```

图 10-33　建立绘制所用的数据表

之后便可以使用 plot( ) 函数开始绘图，代码实现如图 10-34 所示。

```
plot(df$arr,df$airp,main='Air Passenger',xlab='Date',ylab='Passengers',type='l')
```

图 10-34　绘制折线图代码实现

其中绘制折线图时，传入的参数前两个一定是 x，y 顺序传入横轴、纵轴对应的数据，后面的 main,xlab,ylab 指定图表的标题和坐标轴标题，若要绘制折线图则关键点在于 type 参数的设置，设置为"l"则绘制为折线图，折线图的绘制结果如图 10-35 所示。

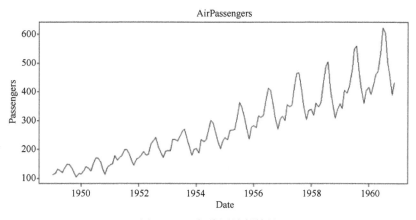

图 10-35　折线图绘制结果

看一下 type 参数设置的其他情况，不传入 type 参数则默认为散点图，效果如图 10-36 所示。

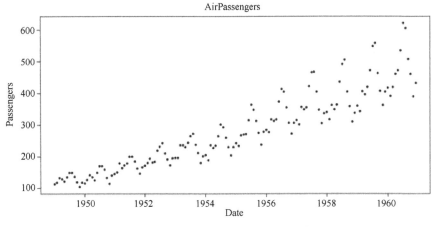

图 10-36 type 默认参数散点图的绘制

另外还可以传入 pch 参数输入一个整数修改点型，效果如图 10-37 所示。

再比如传入的参数为"b"则进行点线图的绘制，效果如图 10-38 所示。

综上所述，自定义使用 plot( ) 进行绘制相比 R 语言自带的对于时间序列绘制更为灵活，可以定制更多的参数绘制期望的其他样式，主要通过讲解 type 参数和 pch 参数的设置，以达到绘制期望的可视化图表类型以及点型。

图 10-37 传入 pch 参数点型值

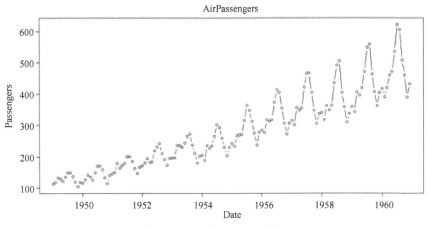

图 10-38 点线图绘制结果

第 11 章
FineBI

不同于 R 与 Python，FineBI 是一款国产的专注于商业智能的软件，其针对国内商业数据的可视化做了很多优化。本章将介绍 FineBI 的使用。

11.1 FineBI 介绍

FineBI 是帆软软件有限公司推出的一款商业智能（Business Intelligence，BI）产品。FineBI 自助分析以业务需求为方向，通过便携的数据处理和管控，提供自由的探索分析。适合前端的业务人员进行自助数据处理分析与解决业务需求，软件的自助和分析特点如图 11-1 所示，从业务需求为方向、自由探索分析、便捷数据处理和数据管控四个方面给出了 FineBI 软件的产品解决方案。

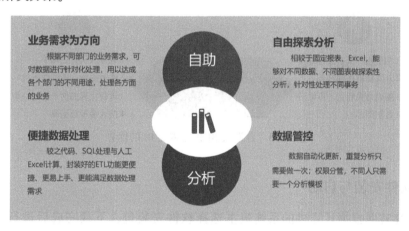

图 11-1　FineBI 软件自助和分析特点

11.1.1 产品定位

对于前端业务人员而言，进行大数据分析有以下难点以及局限性：

1）需要进行数据分析的原始表结构混乱，需要信息部的 IT 人员对数据进行预处理，前端业务人员需要与 IT 人员不断沟通，增大沟通成本。

2）数据处理后查询与可视化等需要由 IT 人员建立，前端业务人员接收查询处理结果有较长的延迟，很大程度上影响了工作效率。

所以 FineBI 的产品定位就是提供一种自助数据分析模式，帮助企业的业务人员和数据分析师，开展以问题导向的探索式分析，适当降低 IT 人员在其中的参与程度，从而减少跨部门沟通产生的时间等成本，如图11-2所示，对传统的数据分析方式与FineBI软件提供的自助式数据分析模式进行了直观的比较，IT人员只需要将准备好的数据交给业务人员，把开发报表的工作交给业务人员自行完成，所以省去了由IT人员开发报表让业务人员反复审验是否满足需求的繁杂流程，同时业务人员也无需将二次分析需求再次交给IT人员处理，自己就可以通过软件进行自主分析，很大程度上提高了大数据分析的效率。

图11-2　传统与自助式数据分析模式的比较

11.1.2　与传统商务智能软件相较的优势

FineBI让业务人员/数据分析师自主制作仪表板，进行探索分析。数据取于业务，用于业务，让需要分析数据的人可以自己处理分析数据，相比传统的商务智能软件，FineBI软件这类采用自助式数据分析模式的优势如图11-3所示。

图11-3　自助式BI相比传统BI的优势

11.1.3　软件安装与启动

在FineBI官网根据计算机的系统版本选择软件安装包，下载完成后进行安装，注意Windows版本仅支持64位操作系统，本章由于所有的软件运行结果均是在安装有64位Windows 10操作系统的计算机上获得，所以本节仅介绍Windows平台上的安装与使用，如图11-4所示。在FineBI官网选择Windows平台的安装包进行下载，有需要在MacOS或Linux系统上安装FineBI软件的可以在FineBI帮助文档上查看详细安装过程以及使用方法。

由于当前BI安装包本身配置了Tomcat的服务器环境，软件运行时是基于这样一个服务器运行，单击即弹出加载页面，随后出现Tomcat打开BI服务器，如图11-5所示。当Tomcat服务器开启以后，会自动弹出浏览器地址：http://localhost:37799/webroot/decision，打开BI平台进入初始化设置，注意http://localhost:37799这个地址是在计算机本地启动BI服务器的地址，如果从外网访问，需要输入其IP地址，必要时需要用内网穿透软件访问内网服务器。

图 11-4　FineBI 软件安装包下载

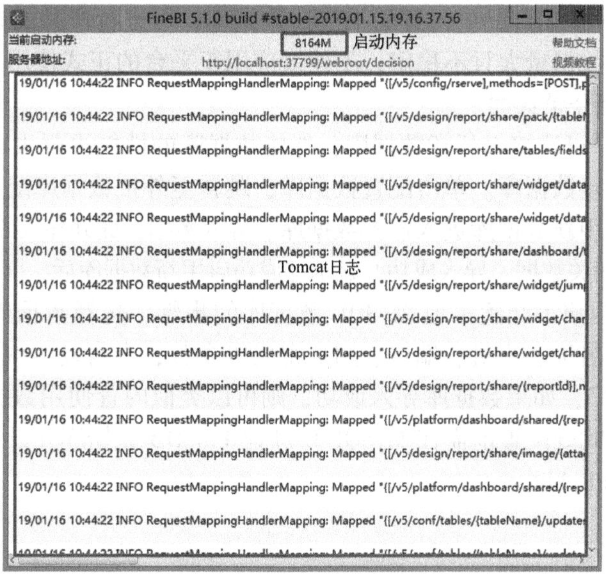

图 11-5　BI 服务器界面

成功启动 BI 服务器后，在浏览器界面先初始化设置管理员账户，如图 11-6 所示。

图 11-6　BI 服务器管理员账户设置

然后选择场景所使用的数据库，如图 11-7 所示，此处选择的数据库用于存储系统使用配置、日志数据，分为内置数据库和外接数据库。

图 11-7　场景数据库选择界面

1）内置数据库：使用产品中内置的 HSQL 数据库，可进行产品的试用。但该内置数据库不能多线程访问、数据量大且不稳定，不建议应用于平台的正式使用。选择直接登录，可进入 FineBI 商业智能登录页面。

2）外接数据库：可连接至任意数据库，外接数据库的性能更强大、稳定，若要正式使用，强烈建议配置外接数据库。单击配置数据库，跳转至外接数据库配置界面，输入相应的数据库信息，单击启用新数据库进入连接数据库、导入数据，此处导入的数据为原先存储在内置数据库中系统配置相关数据。导入成功并显示已成功启用新数据库后，即可跳转到登录页面。

如图 11-8 所示为演示配置本地 MySQL 数据库的步骤，选择数据库类型为 MySQL，然后配置驱动、数据库名称、主机、端口、用户密码等参数，会自动生成数据库的连接 URL，单击"启用新数据库"，如果数据库导入成功，则可以类似内置使用数据库的步骤，进入到 FineBI 的登录界面，此处配置前需在 MySQL 中新建 FineDB 数据库并设置默认字符集和排序规则分别为 utf8 和 utf8_bin。

图 11-8　外接数据库配置（以 MySQL 为例）

成功登录进入 FineBI 软件界面后，界面如图 11-9 所示。

图 11-9　FineBI 主界面

11.2　数据准备与加工

这类商业用数据可视化软件，一般与业务数据库进行连接。本节介绍如何准备与加工这些数据。

11.2.1　数据源

FineBI 支持多种数据源，既支持通过 JDBC 的方式直接连接数据库，也支持通过 Finereport 设计器建立远程连接使用服务器数据集，同时可以使用自定义类型的数据源程序数据集，以及安装插件使用的 JSON 数据集，支持的数据源详细类型如下。

（1）数据库型数据源

- JDBC 数据库（即 Java 数据库连接），像是主流的 MySQL、Oracle 等数据库都属于 JDBC 型数据库。
- 多维数据库，仅支持 SAP HANA。
- 分布式文件存储的数据库，仅支持 MongoDB。
- 通过安装插件可以使其支持 Spider、JSON 数据集。

（2）服务器数据集

与数据库数据集不同，服务器数据集是不随数据连接的变化而变化的，这些数据存储在 BI 的服务器中，不论有没有数据连接，服务器数据集中的数据都可以使用。如果需要使用完整的服务器数据集功能，比如通过 FineReport 数据库查询、程序数据集、内置数据集、文件数据集、存储过程、关联数据集、树数据集等提取数据，那么需要用 Finereport 设计器远程连接建立。

11.2.2　数据准备

在业务人员进行数据分析之前，管理员需要先准备好数据。管理员的数据准备阶段包括创建数据连接、新建业务包、新建数据表、基础表处理等，流程如图 11-10 所示。

详细的流程如下。

1）创建数据连接：管理员搭建数据库与 FineBI 之间的数据桥梁。多维数据库，仅支持 SAP HANA。

图 11-10　数据准备流程图

2）新建业务包：为后续新建的数据表创建用于分类保存的业务包。

3）新建数据表：在新建的业务包中创建从数据连接能够获取到的表数据。

4）基础表处理：对于从数据库获取的数据进行基本处理，包括表字段设置、自循环列、行列转换。

（1）业务包管理

FineBI 的业务包是 BI 分析的数据基础，由管理员创建，通过 FineBI 定义的数据连接向数据库中取数，业务包中包含了连接数据库所获取的数据表。若为非实时数据表，业务包在数据更新以后将获取到的数据保存在本地，BI 分析则从本地取数，这就保证了只要本地保存了数据，就算不联网也可以使用 BI 分析。开启了实时数据的数据表中则保存了获取连接数据库数据的一系列 SQL 配置等，在模板分析时生成相应的 SQL 语句向数据库查询。

FineBI 业务包包含了能够提供给分析人员使用的所有数据库表，由管理员创建并将数据库中的表添加进去，以供分析人员使用，在数据准备一栏即可找到业务包以及所在分组，如图 11-11 所示。

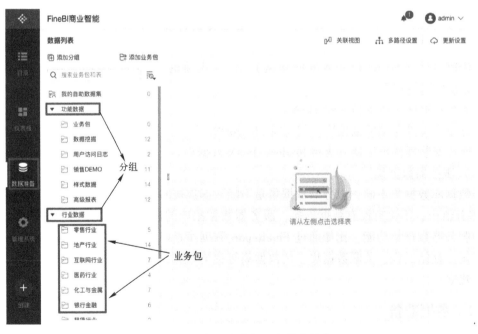

图 11-11　业务包在数据准备栏中的位置

添加业务包的流程如图 11-12 所示，在数据准备一栏中选择添加业务包，FineBI 默认有三个分组：功能数据、行业数据和实时数据，可以新建业务包至以上分组，也可以自行创建分组存放业务包。

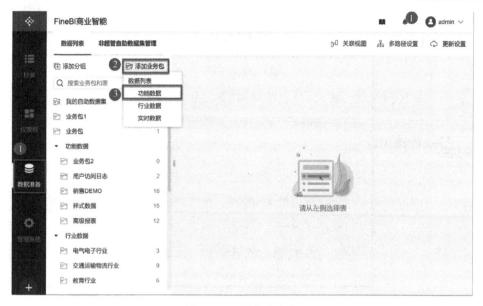

图 11-12　添加业务包

（2）基础表管理

为便于进行后续的可视化和仪表盘建立操作，操作用户需要将数据库表添加进数据决策系统。这样一个过程便称为基础表管理，为了添加数据表，需要登录数据决策系统，选择数据准备并进入业务包，如图 11-13 所示。

之后点进要操作的业务包，选中添加表，FineBI 软件支持从数据库添加表，添加 SQL 数据集、Excel 数据集以及自助数据集，添加表的界面如图 11-14 所示。

图 11-13　数据准备中业务包内添加表　　　图 11-14　添加表的界面

我们首先以从数据库添加表为例说明，在添加表选择界面选择数据库表一栏，再在数据库表中选择之前已有的数据连接，再在其中选择要导入的数据表，如图 11-15 所示。

如果导入成功，随后进入业务包界面，可以在业务包中看到刚刚添加成功的数据库表。以

图 11-15　数据连接中选择导入的数据表

选择 BI Demo 数据连接中的 FACT_FEE 数据表为例，数据库表导入成功后如图 11-16 所示。

图 11-16　数据表导入成功后预览界面

关于更新设置内的数据更新选项，添加成功的数据库表若不选择开启实时数据，需要进行数据更新才能使用，如添加自助数据集、创建组件等。

如果要创建 SQL 数据表，如图 11-17 所示，在表名处给创建的表命名，选择数据来源的数据连接，在 SQL 语句框输入 SQL 语句，比如要从 BI Demo 数据连接中导入名为 DEMO_CONTRACT 的表，则在 SQL 语句框内输入 select * from DEMO_CONTRACT，SQL 语句若正确则可以在右端预览栏预览刚刚选择的数据表，同理，回到业务包一栏导入成功后可以在业务包中的表里看到，如图 11-18 所示。

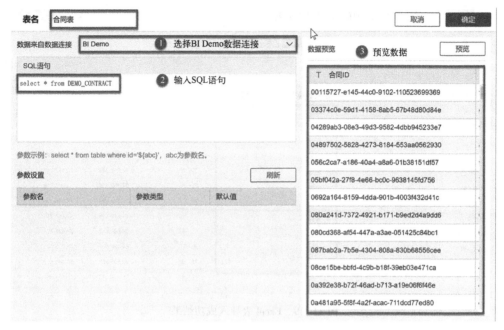

图 11-17　SQL 数据表导入栏

图 11-18　SQL 数据表导入成功结果

Excel 表的导入过程相对更加简单，直接从本地上传，如图 11-19 所示。修改表名，还可以根据数据分析的需要修改各个字段的数据类型，导入成功后同样可以在业务包中查看。

在完成添加数据库表、SQL 数据集、Excel 数据集以后，若对业务包内的数据表进行进一步的管理，有时需要对添加的基础表进行字段选择、字段类型设置等处理。比如在 Excel 表中，直接在导入时一经上传便可以修改各个字段的类型，接下来会着重说明如何进行字段选择。

图 11-19　Excel 表导入成功结果

（1）数据库表

如图 11-20 所示，在业务包中点开数据库表，找到"编辑"按钮单击进入对数据库表的编辑。

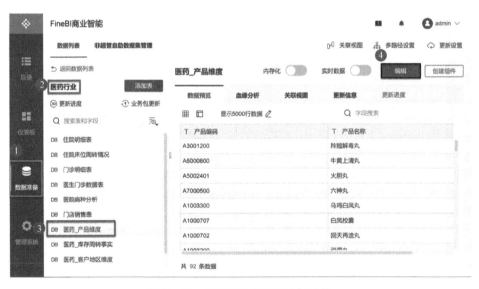

图 11-20　找到数据库表的编辑功能

进入到编辑界面，在字段设置中可以选择是否使用某个字段或者是修改字段类型，修改完成后可以进行预览，如图 11-21 所示。

（2）SQL 数据集

若已经添加了 SQL 数据集，在编辑的时候修改 SQL 语句，如图 11-22 所示。找到"修改 SQL"并进入编辑界面，比如之前在导入名为 DEMO_CONTRACT 的表时用的是 select *

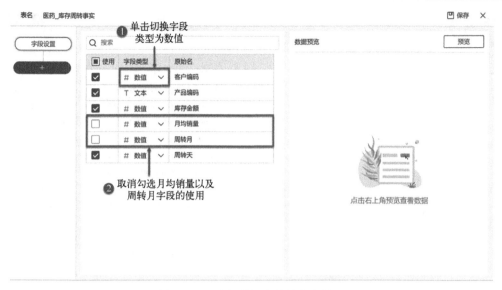

图 11-21　编辑数据库表的字段设置

fromDEMO_CONTRACT，则是导入所有的字段所在列，如图 11-23 所示。只需要客户 ID、合同 ID 和合同类型三个字段，就可以修改 SQL 语句为"select 客户 ID,合同 ID,合同类型 fromDEMO_CONTRACT"。

图 11-22　找到修改 SQL 语句功能

　　基础表的管理除了对于字段的选择管理之外，也有编辑、重命名、移动位置和删除等基本操作，如图 11-24 所示，直接在业务包中找到需要修改的数据表，单击设置按钮进行上述操作。

图 11-23　修改 SQL 语句的界面

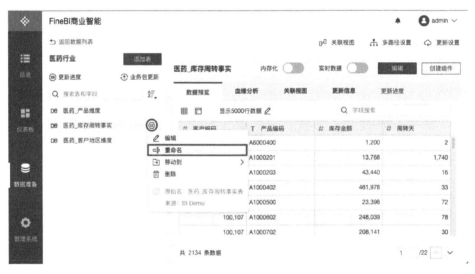

图 11-24　数据表管理的基本操作

11.2.3　关联设置

在某些业务场景下，有时需要从多张表中抽取多个字段合并成一张表来进行分析，此时可以创建多张表间的关联，并通过自助数据集添加多张表的字段到一张表中。

FineBI 可以创建和读取表间关联关系。获取关联关系的方法有两种：

- 在添加数据库表中将数据表添加到业务包时，系统会自动读取数据库中的表间关联。
- 在 FineBI 中手动建立表间关联关系。

关于允许创建关联关系的表的规则如图 11-25 所示。

在关联设置中常用三种关联方向如下。

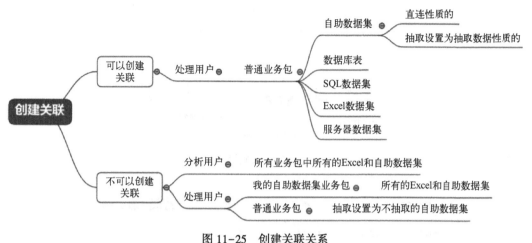

图 11-25　创建关联关系

1:1，即主表:主表，两张表中的每条记录都相互对应。

1:N，即主表:子表，主表中每一条记录都不重复，子表中有重复记录。

N:1，即与 1:N 相反。

在设置关联关系时需要根据实际情况谨慎选择。不能违反实际数据对应的关联关系，如实际意义上的主表不会因为手动设置为子表而变为子表。

实际的关联设置流程：如果要添加关联，在业务包中找到需要添加关联关系的数据表，在关联视图一栏中找到"添加关联"，如图 11-26 所示。

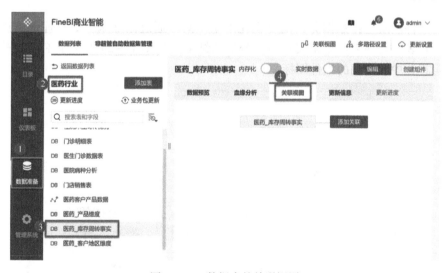

图 11-26　数据表的关联视图

如图 11-27 所示，根据实际的数据表的关联关系，设置关联字段和关联关系，选择被关联的数据表以及相应字段。

关联设置成功之后，再在业务包中进入数据表的关联视图如图 11-28 所示，可以发现，在关联设置时我们将"医药_库存周转事实"表中客户编码以 N :1 的方式与"医药_客户地区维度"中的客户编码字段相关联，在新的关联视图中，这个关联关系就很直观地体现出来了。

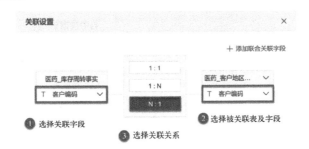

图 11-27　关联设置

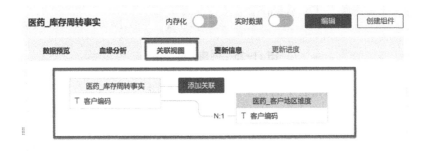

图 11-28　添加关联后的关联视图

11.3　可视化分析

可视化组件就是进行数据分析的可视化展示工具，通过添加来自数据库的维度指示字段，使用各种表格和图表类型来展示多维分析的结果，如图 11-29 展示了 FineBI 软件所支持的常用可视化中所使用的组件图标。

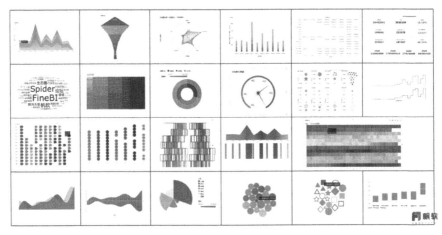

图 11-29　FineBI 软件支持的常用可视化组件图标

在 FineBI 软件中可视化组件主要涉及表格组件、图表组件和过滤组件，接下来将通过举例说明各种组件的创建方法，各大类组件还有更多的用法以及多种多样的组件类型，更多内容以及组件可以参阅 FineBI 的帮助文档，帮助文档下对于组件创建更加详细的参数设置有更为具体的介绍讲解。

11.3.1　表格组件

FineBI 支持的表格组件分为三类：分组表、交叉表和明细表。

1）分组表：是有一个行表头维度和数值指标数据组成的分组报表，没有列表头。分组表按照行表头拖拽的维度分组，对指标内的数据进行汇总统计，如图 11-30 所示。

各省份销售额和回款额

省份	城市	合同金额	回款金额	回款率	回款率组内排...
－ 北京市	北京市	120,667,700	75,205,400	62.32%	1
－ 上海市	上海市	84,508,500	59,192,000	70.04%	1
－ 广东省	深圳市	46,895,000	36,405,000	77.63%	5
	广州市	10,090,000	8,270,000	81.96%	4
	东莞市	2,760,000	1,510,000	54.71%	6
	中山市	1,710,000	1,419,000	82.98%	3
	佛山市	450,900	450,900	100.00%	1
	惠州市	384,000	384,000	100.00%	1
	汇总	**62,289,900**	**48,438,900**	**77.76%**	**6**
－ 浙江省	杭州市	56,780,800	42,060,800	74.08%	1
	绍兴市	3,680,000	1,656,000	45.00%	4
	宁波市	2,467,000	1,617,000	65.55%	2
	丽水市	4,950,000	1,585,000	32.02%	5
	温州市	1,300,000	650,000	50.00%	3
	汇总	**69,177,800**	**47,568,800**	**68.76%**	**24**
－ 山东省	东营市	46,250,000	35,010,000	75.70%	4
	济南市	5,105,000	3,505,000	68.66%	5
	青岛市	2,154,000	2,039,000	94.66%	3
	威海市	1,100,000	1,070,000	97.27%	2
	日照市	110,000	110,000	100.00%	1
	汇总	**54,719,000**	**41,734,000**	**76.27%**	**16**
－ 江苏省	南京市	46,545,340	35,866,520	77.06%	6
	苏州市	4,060,000	2,989,000	73.62%	7
	镇江市	490,000	490,000	100.00%	1
	常州市	330,000	330,000	100.00%	1
	淮安市	190,000	190,000	100.00%	1
	连云港市	180,000	180,000	100.00%	1
	盐城市	120,000	120,000	100.00%	1
	汇总	**51,915,340**	**40,165,520**	**77.37%**	**9**
汇总		982,182,690	671,323,650	68.35%	1

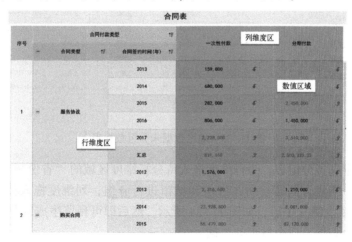

图 11-30　分组表

2）交叉表：是指由行维度、列维度以及数值区域组成的较为复杂的报表。用户多用来显示表中某个字段的汇总值，并将它们分组。其中一组为行维度（在数据表的左侧），另一组列维度（在数据表的上部）。行和列的交叉处即数值区域可以对数据进行多种汇总计算，比如求和、平均值、记数、最大值、最小值等，如图 11-31 所示。

图 11-31　交叉表

3）明细表：用于展示报表明细数据，并进行简单汇总。FineBI 提供“明细表组件”，用户可在仪表板中添加该组件，并添加相关数据字段至单一区域。FineBI 可自动匹配数据字段间的关联关系，然后展示出明细数据。如图 11-32 所示。

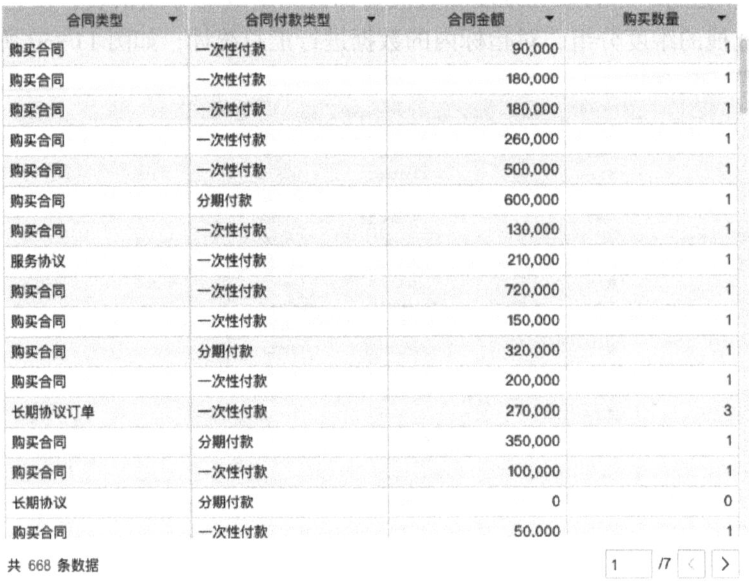

合同类型	合同付款类型	合同金额	购买数量
购买合同	一次性付款	90,000	1
购买合同	一次性付款	180,000	1
购买合同	一次性付款	180,000	1
购买合同	一次性付款	260,000	1
购买合同	一次性付款	500,000	1
购买合同	分期付款	600,000	1
购买合同	一次性付款	130,000	1
服务协议	一次性付款	210,000	1
购买合同	一次性付款	720,000	1
购买合同	一次性付款	150,000	1
购买合同	分期付款	320,000	1
购买合同	一次性付款	200,000	1
长期协议订单	一次性付款	270,000	3
购买合同	分期付款	350,000	1
购买合同	一次性付款	100,000	1
长期协议	分期付款	0	0
购买合同	一次性付款	50,000	1

共 668 条数据　1 /7

图 11-32　明细表

以创建图 11-30 所示的根据省份分组的地区数据分析的分组表为例，如图 11-33 所示，原来的数据表中，省份和城市的排列并没有规律，需要按照省份进行分组以便于查看。

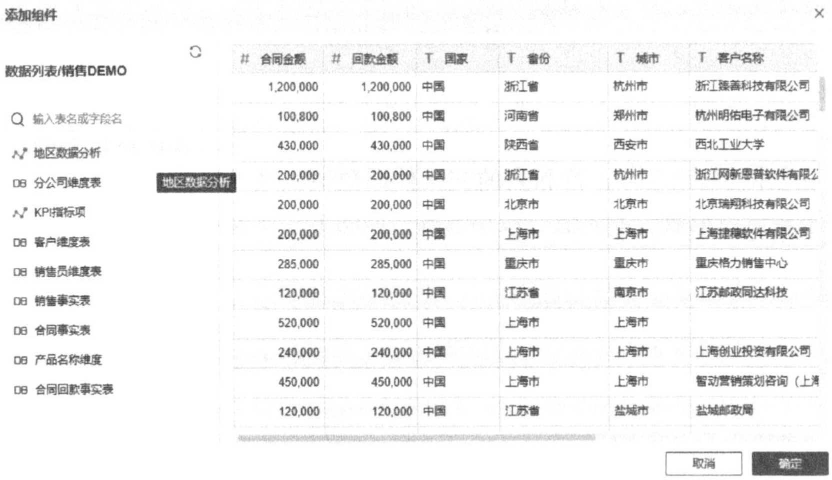

# 合同金额	# 回款金额	T 国家	T 省份	T 城市	T 客户名称
1,200,000	1,200,000	中国	浙江省	杭州市	浙江臻善科技有限公司
100,800	100,800	中国	河南省	郑州市	杭州明佑电子有限公司
430,000	430,000	中国	陕西省	西安市	西北工业大学
200,000	200,000	中国	浙江省	杭州市	浙江网新恩普软件有限公
200,000	200,000	中国	北京市	北京市	北京瑞翔科技有限公司
200,000	200,000	中国	上海市	上海市	上海捷穗软件有限公司
285,000	285,000	中国	重庆市	重庆市	重庆格力销售中心
120,000	120,000	中国	江苏省	南京市	江苏邮政同达科技
520,000	520,000	中国	上海市	上海市	
240,000	240,000	中国	上海市	上海市	上海创业投资有限公司
450,000	450,000	中国	上海市	上海市	智动营销策划咨询（上海
120,000	120,000	中国	江苏省	盐城市	盐城邮政局

图 11-33　地区数据未分组数据表

在图表类型中选择分组表，为行维度拖入待分析维度区域的“省份”“城市”字段，则分组标准按照各个销售合同客户所在省份和城市进行分组，列维度拖入待分析维度区域的“合同金额”“回款金额”字段，如图 11-34 所示。然后即可预览生成的分组表，单击“+”号则可以展开各个省份下各个城市的数据。

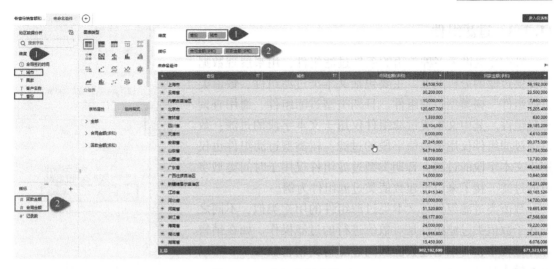

图 11-34　分组表创建界面

11.3.2　图表组件

从图 11-29 可以看出 FineBI 支持的图表类型非常多，有柱形图、点图、热力图、线形图、面积图、饼图……以柱形图组件的创建为例，相较于表格创建，柱形图创建时的维度设置更为简单，直接将横纵坐标所代表的字段拖拽进去即可。同样是分析图 11-30 中的地区数据，若要创建直观反映各个省份总合同金额的柱状图，直接将省份字段拖至横轴维度，将合同金额（求和）拖至纵轴维度，如图 11-35 所示。

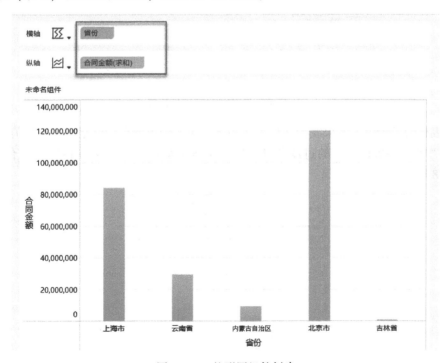

图 11-35　柱形图组件创建

11.3.3　过滤组件

FineBI 提供了多种常用的条件过滤组件，用来展现数据和提供过滤的分析交互。主要包括文本类过滤组件、数值类过滤组件、树类型过滤组件、日期类型过滤组件、通用查询重置组件。其中文本类过滤组件仅用于文本字段的过滤；数值类过滤组件仅用于数值字段的过滤；树类型过滤组件也仅用于文本字段的过滤；日期类型过滤组件仅用于时间类型字段的过滤。接下来以创建数值类过滤组件为例。

数值类过滤组件与文本类过滤组件的用途类似，不同之处在于数值类过滤组件是对数值进行的过滤操作。如在销售业务过程中，可以通过数值区间过滤得到销售额在 100 万以上的销售员的信息。

图 11-36　过滤组件栏

如图 11-36 所示，在组件界面中于过滤组件栏中选中数值区间过滤组件。

在过滤组件界面，按表选择要进行操作的数据表，将想要过滤的数值字段拖入右端，然后设置过滤组件的数值区间，如图 11-37 所示。

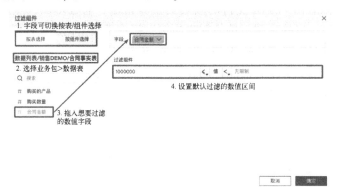

图 11-37　数值类过滤组件设置

在仪表板的设计中，如果我们在仪表板中加入包含销售数据的明细表，在数值类过滤组件中设置"100 万-200 万"的过滤条件，则明细表会显示合同金额在该区间的合同数据，如图 11-38 所示。

图 11-38　仪表板中加入数值类过滤组件的效果

11.3.4　设计仪表板

仪表板为展示进行数据分析而创建的可视化组件的面板，即在面板上嵌入多个可视化的结果并且可以设置联动关系或者设置跳转到其他可视化组件的仪表盘，一般在仪表盘建立以后需要进行管理。

在仪表板中可以添加任意的组件，包括表格、图表、控件等。而一张精心设计的仪表板不仅能够协调组织工作，帮助发现问题的关键，还能让别人一眼了解您想表达的内容，或者在你的基础上发散思维，拓展分析。

如图 11-39 所示，就是一个仪表板，将表格组件、图表组件以及过滤组件放在同一个界面内，可以通过设置过滤条件等，在仪表板上与各种组件互动得到不同的可视化效果，同时也可以配以概要性的文字，对可视化的结果予以总结说明。

图 11-39　仪表板样例

新建一个仪表板非常简单，在 FineBI 软件的主界面中找到仪表板一栏，在其中可以新建仪表板或者新建文件夹以便于按分组等方式存放仪表板，如图 11-40 所示。对仪表板进行重命名、位置移动或者删除等操作也很简单，直接选中要操作的仪表板即可。

图 11-40　新建仪表板

关于仪表板的布局，FineBI 的仪表板布局方式包含网格布局、自由布局。默认为网格布局，可设置组件间是否有间隙；自由布局通过设置组件悬浮实现。

以网格布局为例，网格布局只支持纵向延伸，不支持横向延伸。网格布局把平面按规则划分成多个单元格，每个组件占据一定数量的单元格，当屏幕大小发生变化时，随着屏幕实际宽高划分单元格，组件相对整个屏幕的比例不变。在默认布局方式下，组件之间有间隙，可调整为无间隙，始终吸顶放置，组件之间不能重叠放置。网格布局示例如图 11-41 所示。

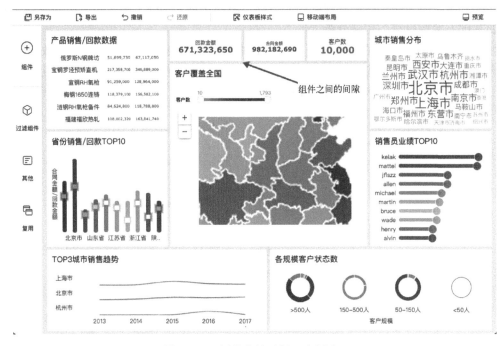

图 11-41　网格布局示例（有间隙）

另外一种布局方式则是自由布局，在选择自由布局前需要将组件设置为悬浮，如图 11-42 所示。

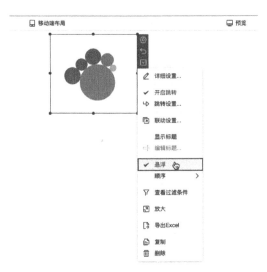

图 11-42　组件设置为悬浮

自由布局通过设置组件悬浮实现，为组件勾选悬浮后，可自由拖动摆放位置及大小，也支持设置组件叠放时的顺序调整。如图 11-43 所示。

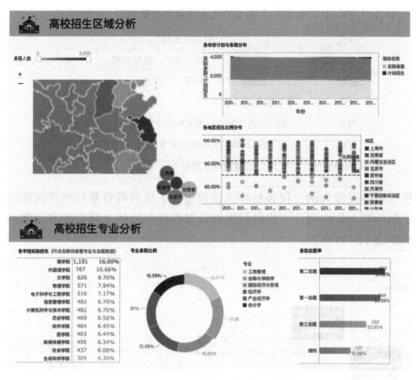

图 11-43　自由布局仪表板示例

关于仪表板布局的设计，FineBI 为用户内置了六种预设样式，在仪表板编辑界面可选择想要的风格，同时也支持用户进行自定义样式设置并保存为预设样式，如图 11-44 所示。

图 11-44　仪表板预设样式与自定义样式

自定义仪表板样式设置包含了仪表板、标题、组件、图表、表格和过滤组件的背景主题等设置，自定义仪表板各类样式的可设置项目如表 11-1 所示。

表 11-1　自定义仪表板样式设置项目

样式	可设置项目
仪表板	画布背景、组件间隙
标题	标题栏背景、标题文字格式
组件	单个组件的背景
图表	图表的整体配色、图表中的文本格式
表格	表格风格、主题色和文字格式
过滤组件	过滤组件主题色

以仪表板样式的设置为例，仪表板样式设置包含了仪表板背景和组件间隙的设置，背景可设置为指定颜色和上传的图片。组件间隙即设置组件与组件之间有没有间隙，有无间隙的效果设置界面如图 11-45 所示。

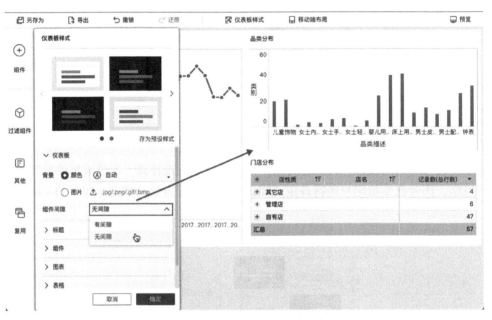

图 11-45　仪表板样式设置界面

11.4　案例：零售行业数据分析

为了更好理解 FineBI 软件的使用并能进行自助数据分析，下面介绍 FineBI 软件自带零售行业数据集数据分析得到的区域销售统计仪表板的案例。首先登录 FineBI 的 BI 服务器进入主界面，在数据准备一栏的数据列表中，在行业数据中找到零售行业的业务包，如图 11-46 所示，业务包内共含有 5 张表，均已经事先准备好，其中有 4 张表是以数据库表形式导入的基础表，可以单击进行预览。

在 FineBI 的仪表板栏中找到行业应用文件夹的零售行业文件夹下的区域销售统计仪表板，如图 11-47 所示。

图 11-46　零售行业业务包含的数据表

图 11-47　区域销售统计仪表板所在位置

　　首先我们对于门店的大区小区的关系要有一个直观的认知，适合创建一个矩形图，如图 11-48 所示，将小区作为横轴，大区作为纵轴，为了能让每个大矩形中的小矩形通过联动显示各个店的销售情况，在"细粒度"参数一栏设置为"店名"。矩形图生成的结果十分直观，比如上海作为唯一的东南区，东北、华北作为北方区，华中、西南等作为中西区，这样划分对于不同大区的销售情况有一个直观的了解。

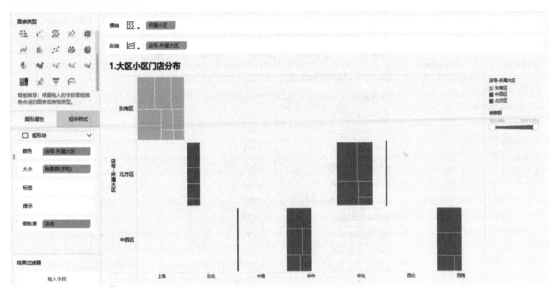

图 11-48　大区小区的矩形图

比如要分析各个小区一年内每周的销售额的情况，可以考虑做一个聚合气泡图，每一周的销售额就像浮上水面的气泡一样进行可视化，销售额在一段时间内的增大减小的趋势就非常直观，如图 11-49 所示，横轴为所属小区，纵轴为销售日期（年周数），每一个气泡的大小就能反映该周的区域销售额。可视化结果反映出比如上海每周的销售额非常稳定而且数额很大，像中南西北小区，销售额也很稳定但是数额比起上海明显偏小，而华北地区销售额在年中经历了大幅度的下跌然后在年末逐渐恢复。

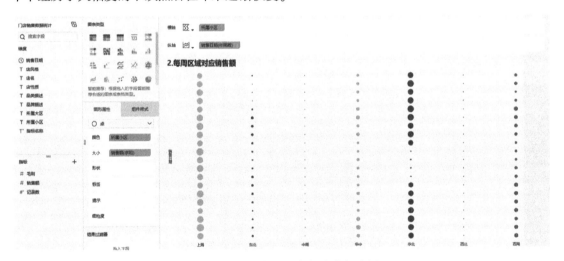

图 11-49　小区每周销售额聚合气泡图

再比如对于各个小区各种商品的销售情况的分析，采用分区折线图的方法，如图 11-50所示，折线图上各点的大小代表销售额的多少，可以得出各个小区中上海区的运动服务及用品的销售额最多，处于领先位置。

再比如我们分析全国的各个小区的运动品牌的销售情况，类比之前对各小区运动服务及用品的销售额的分析，可以类似地做一个分区图以直观反映各个小区的销售情况，于是这里

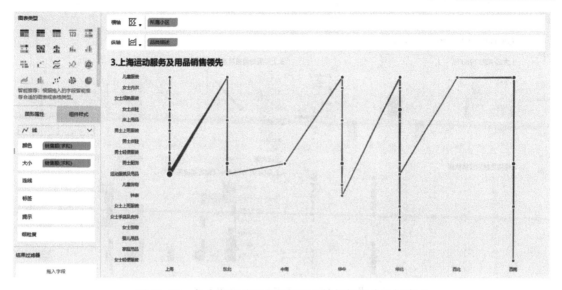

图 11-50　各小区运动服务及用品的销售额的分区折线图

做一个分区柱形图，对每一个小区的各个运动品牌销售情况做一个柱形图再聚合在一起，如图 11-51 所示。可以得出，在各个小区，上海区当中新百伦品牌的销售额相比其他地区和品牌遥遥领先。

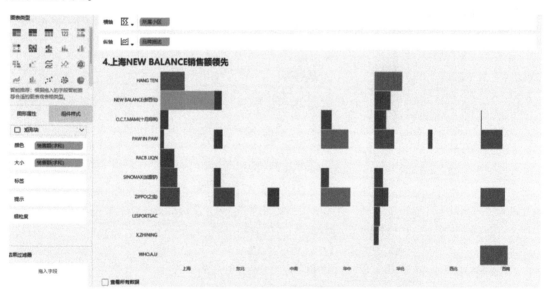

图 11-51　各小区运动品牌的销售额的分区柱形图

最终可以将各个组件整合在一张仪表板上，如图 11-52 所示。

各个可视化组件以网格形式无间隙地排布在仪表板上，整体反映在 Carrefour Stores，Inc 全国各区中上海的销售额最高，其中上海区的运动服务及用品销售额占比很大，运动服务及用品中新百伦品牌的销售额又是最好的。总体来讲，案例的实现只需要 IT 技术人员将原始数据制成数据库表，使用 FineBI 软件的业务人员只需要创建数据连接导入这些数据库表，再创建仪表板并在其中加入各种可视化组件，而创建可视化组件的过程也并不复杂，不需要

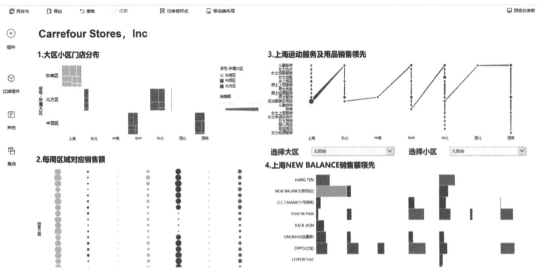

图 11-52　仪表板最终呈现结果

业务人员进行编程或者像使用统计软件写各种语句或参数设置，而只需要将要可视化的字段简单地拖拽至各个维度（如横轴、纵轴等），然后再细化地设置一些布局排版美观方面的参数，便可以实现在仪表板界面通过可视化组件聚合的方式进行自助数据分析，直观地获得想要的结果，非常方便。

第12章
ECharts 数据可视化方法

移动互联网时代，让自己的图表能够在移动端被轻松浏览是很重要的一件事，ECharts可以帮助我们完成这件事。

12.1 ECharts 介绍

ECharts 是一个使用 JavaScript 实现的开源可视化库，可以流畅地运行在 PC 和移动设备上，兼容当前绝大多数浏览器（IE8/9/10/11、Chrome、Firefox、Safari 等），底层依赖矢量图形库 ZRender，提供直观、交互丰富、可高度个性化定制的数据可视化图表。Echarts 有如下特点。

（1）丰富的可视化类型

ECharts 提供了常规的折线图、柱状图、散点图、饼图、K线图，用于统计的盒形图，用于地理数据可视化的地图、热力图、线图，用于关系数据可视化的关系图、树图（Treemap）、旭日图，多维数据可视化的平行坐标，还有用于 BI 的漏斗图，仪表盘，并且支持图与图之间的混搭。

除了已经内置的包含了丰富功能的图表，ECharts 还提供了自定义系列，只需要传入一个 renderItem 函数，就可以从数据映射到任何你想要的图形，这些图形还能和已有的交互组件结合使用而不需要操心其他事情。

用户可以在下载界面下载包含所有图表的构建文件，如果只是需要其中一两个图表，又嫌包含所有图表的构建文件太大，也可以在线构建时选择需要的图表类型后自定义构建。

（2）多种数据格式无需转换直接使用

ECharts 内置的 dataset 属性（4.0+）支持直接传入包括二维表、key-value 等多种格式的数据源，通过简单的设置 encode 属性就可以完成从数据到图形的映射，这种方式更符合可视化的直觉，省去了大部分场景下数据转换的步骤，而且多个组件能够共享一份数据而不用克隆。

为了配合大数据量的展现，ECharts 还支持输入 TypedArray 格式的数据，TypedArray 在大数据量的存储中可以占用更少的内存，对垃圾回收（Garbage Collection，GC）友好等特性也可以大幅度提升可视化应用的性能。

（3）千万数据的前端展现

通过增量渲染技术（4.0+），配合各种细致的优化，ECharts 能够展现千万级的数据量，并且在这个数据量级依然能够进行流畅的缩放平移等交互。

几千万的地理坐标数据即使使用二进制存储也要占上百 MB 的空间。因此 ECharts 同时提供了对流加载（4.0+）的支持，用户可以使用 WebSocket 或者对数据分块后加载，使用时根据需要加载多少渲染多少，不需要漫长地等待所有数据加载完后再进行绘制。

以如图 12-1 所示为例，在 ECharts 上将 102,500,000 个地理坐标在世界地图上进行点亮，根据用户对地图进行放大和拖动查看的部分分块加载相应的地理坐标再进行实时渲染，能够保证即使面对千万级数据流量也能对可视化应用进行流畅交互。

图 12-1　千万级数据流量呈现示例

（4）移动端优化

ECharts 针对移动端交互做了细致的优化，例如移动端小屏上适于用手指在坐标系中进行缩放、平移。PC 端也可以用鼠标在图中进行缩放（用鼠标滚轮）、平移等。同时细粒度的模块化和打包机制可以让 ECharts 在移动端也拥有很小的体积，可选的 SVG 渲染模块让移动端的内存占用不再捉襟见肘。

（5）支持多渲染方案与跨平台使用

ECharts 支持以 VML、SVG（4.0+）、Canvas 的形式渲染图表。VML 可以兼容低版本 IE，SVG 使得移动端不再为内存担忧，Canvas 可以轻松应对大数据量和特效的展现。不同的渲染方式提供了更多选择，使得 ECharts 在各种场景下都有更好的表现。

除了 PC 端和移动端的浏览器，ECharts 还能在 Node.js 上配合 node-canvas 进行高效的服务端渲染（SSR）。从 4.0 开始，还提供了 ECharts 对小程序的适配。

社区热心的贡献者也为 ECharts 官方提供了丰富的其他语言扩展，比如 Python 的 pyecharts、R 语言的 recharts、Julia 的 ECharts.jl 等。

（6）深度的交互式数据探索

对于数据的可视化而言，交互是从数据中发掘信息的重要手段。"总览为先，缩放过滤按需查看细节"是数据可视化交互的基本需求。

ECharts 一直在交互的路上前进，官方提供了图例、视觉映射、数据区域缩放、tooltip、数据刷选等易于使用的交互组件，可以对数据进行多维度数据筛取、视图缩放、展示细节等交互操作，让用户可以更有深度地进行交互式的数据探索。

（7）多维数据的支持以及丰富的视觉编码手段

ECharts3 开始加强了对多维数据的支持。除了加入了平行坐标等常见的多维数据可视化工具外，对于传统的散点图等，传入的数据也可以是多个维度的。配合视觉映射组件 visualMap 提供的丰富的视觉编码，能够将不同维度的数据映射到颜色、大小、透明度、明暗度等不同的视觉通道。

（8）动态数据

ECharts 由数据驱动，数据的改变驱动图表展现的改变。因此动态数据的实现也变得异常简单，只需要获取数据、填入数据，ECharts 会找到两组数据之间的差异，然后通过合适的动画去表现数据的变化。配合 timeline 组件能够在更高的时间维度上去表现数据的信息。

（9）绚丽特效以及强大的三维可视化

ECharts 不仅针对线数据，点数据等地理数据的可视化也提供了吸引眼球的特效。官方提供了基于 WebGL 的 EChartsGL，用户可以跟使用 ECharts 普通组件一样轻松地使用 EChartsGL 绘制出三维的地球、建筑群、人口分布的柱状图，在这基础之上官方还提供了不同层级的画面配置项，只需几行配置就能得到艺术化的画面。这也有助于在 VR，大屏场景里实现三维的绚丽可视化效果。

12.2　ECharts 基础概念

在开始使用 ECharts 前，首先介绍 ECharts 的一些基本概念，了解这些基本概念才能更好地进行更多内容的学习。

1. ECharts 实例（instance）

一个网页中可以创建多个 ECharts 实例。每个 ECharts 实例中可以创建多个图表和坐标系等（用 option 来描述）。准备一个 DOM 节点（作为 ECharts 的渲染容器），就可以在上面创建一个 ECharts 实例。每个 ECharts 实例独占一个 DOM 节点。关于 DOM 节点，在绘图前我们需要为 ECharts 准备一个具备高宽的 DOM 容器，按如下代码建立：

```
<body>
<!--为 ECharts 准备一个具备大小(宽高)的 DOM-->
<divid=" id1" style=" width:600px;height:400px;" ></div>
</body>
```

如图 12-2 所示，比如 instance1（实例 1）中，建立了名为 id1 的 DOM 容器，之后便可以基于这个 DOM 容器开始可视化。

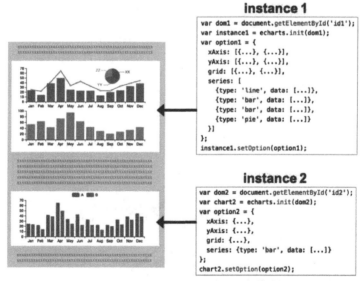

图 12-2　基于 DOM 容器建立可视化图表

2. 系列（series）

系列（series）是很常见的名词。在 ECharts 里，系列是指一组数值以及它们映射成的图。"系列"这个词原本可能来源于"一系列的数据"，而在 ECharts 中取其扩展的概念，不仅表示数据，也表示数据映射成的图。所以，一个系列包含的要素至少有：一组数值、图表类型（series. type），以及其他的关于这些数据如何映射成图的参数。所以换句话说，系列是决定可视化图表类型和使用数据的关键设置。

ECharts 里的系列类型就是图表类型。系列类型至少有：line（折线图）、bar（柱状图）、pie（饼图）、scatter（散点图）、graph（关系图）、tree（树图）等。

如图 12-3 所示，右侧的 option 中声明了三个系列：pie、line、bar，每个系列中有其所需要的数据（series. data）。

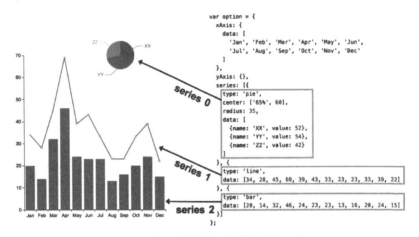

图 12-3　通过系列设置得到的可视化图表

在系列设置中，如图 12-4 所示还有另一种配置方式，系列的数据从 dataset 中获取，在使用时设置 encode 参数，通过以下标选择 dataset 数据绘制可视化图表的相应维度。

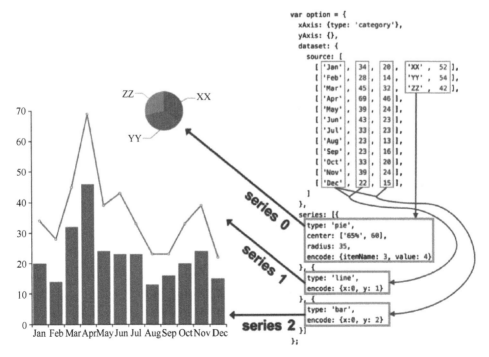

图 12-4　通过 dataset 获取数据用于绘制

3. 组件（component）

在系列之上，ECharts 中各种内容被抽象为"组件"。例如，ECharts 中至少有这些组件：xAxis（直角坐标系 X 轴）、yAxis（直角坐标系 Y 轴）、grid（直角坐标系底板）、angleAxis（极坐标系角度轴）、radiusAxis（极坐标系半径轴）、polar（极坐标系底板）、geo（地理坐标系）、dataZoom（数据区缩放组件）、visualMap（视觉映射组件）、tooltip（提示框组件）、toolbox（工具栏组件）、series（系列）等。

我们注意到，其实系列也是一种组件，可以理解为：系列是专门绘制"图"的组件。

如图 12-5 所示，图中右侧的 option 中声明了各个组件（包括系列），各个组件就出现在图中。

为了便于概念的理解与区分，因为系列是一种特殊的组件，所以有时候也会出现"组件和系列"这样的描述，这种语境下的"组件"是指：除了"系列"以外的其他组件。

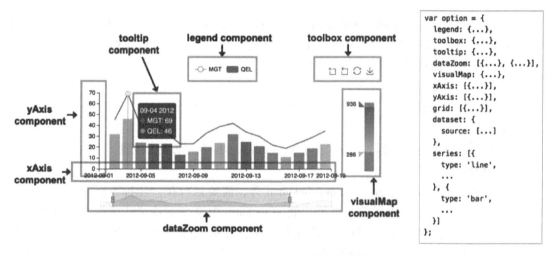

图 12-5　ECharts 中各个组件的设置

4. 用 option 描述图表

在之前已经提到了 option 这个概念。ECharts 的使用者，使用 option 来描述其对图表的各种需求，包括：有什么数据、要画什么图表、图表长什么样子、含有什么组件、组件能操作什么事情等。简而言之，option 表述了：数据、数据如何映射成图形、交互行为。

5. 组件的定位

不同的组件、系列，常有不同的定位方式。常见的定位方式有类 CSS 的绝对定位和用于圆形可视化组件的中心半径定位，少数组件和系列可能有自己的特殊的定位方式，可以查阅 ECharts 中对应的使用文档中的说明。

（1）类 CSS 式绝对定位

多数组件和系列，都能够基于 top/right/down/left/width/height 绝对定位。这种绝对定位的方式，类似于 CSS 的绝对定位（position：absolute）。绝对定位基于的是 ECharts 容器 DOM 节点。

其中，它们的每个值都可以是：

● 绝对数值（例如 bottom：54 表示：距离 ECharts 容器底边界 54 像素）。

● 基于 ECharts 容器高宽的百分比（例如 right：'20%'表示：距离 ECharts 容器右边界的距离是 ECharts 容器宽度的 20%）。

如图 12-6 所示的例子，对 grid 组件（也就是直角坐标系的底板）设置 left、right、height、bottom 达到的效果，在图 12-6 中很直观地展示了各个参数的设置效果。

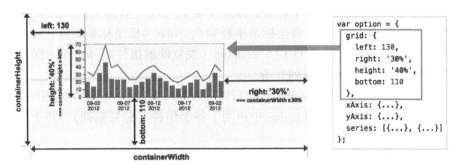

图 12-6　在 grid 设置中给组件定位

值得注意的是，left、right、width 是一组（横向），top、bottom、height 是另一组（纵向）。这两组没有什么关联。每组中至多设置两项就可以了，第三项会被自动算出。例如，设置了 left 和 right 就可以了，width 会被自动算出。

（2）中心半径定位

少数圆形的组件或系列，可以使用"中心半径定位"，例如，pie、sunburst（旭日图）、polar（极坐标系）。

中心半径定位，往往依据 center（中心）、radius（半径）来决定位置。

6. 坐标系

很多系列，例如 line、bar、scatter、heatmap 等，需要运行在"坐标系"上。坐标系用于布局这些图，以及显示数据的刻度等。例如 ECharts 中至少支持这些坐标系：直角坐标系、极坐标系、地理坐标系（GEO）、单轴坐标系、日历坐标系等。其他一些系列，例如 pie、tree 等，并不依赖坐标系，能独立存在。还有一些图，例如 graph（关系图）等，既能独立存在，也能布局在坐标系中，应依据用户的设定而来。

一个坐标系，可能由多个组件协作而成。我们以最常见的直角坐标系来举例。直角坐标系中，包括有 xAxis、yAxis、grid 三种组件。xAxis、yAxis 被 grid 自动引用并组织起来，共同工作。

如图 12-7 所示的实例，是最简单的使用直角坐标系的方式：只声明了 xAxis、yAxis 和一个 scatter，ECharts 暗自为它们创建了 grid 并关联起来。

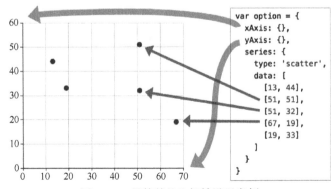

图 12-7　最简单的坐标轴设置实例

再来看如图 12-8 所示的图表，两个 yAxis 共享了一个 xAxis，两个 series 也共享了这个 xAxis，但是分别使用不同的 yAxis，使用 yAxisIndex 来指定它自己使用的是哪个 yAxis。

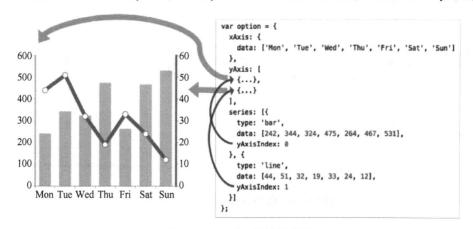

图 12-8　共享坐标轴的实例

接下来看如图 12-9 所示的图表，一个 ECharts 实例中有多个 grid，每个 grid 分别有 xAxis、yAxis，它们使用 xAxisIndex、yAxisIndex、gridIndex 来指定引用关系。

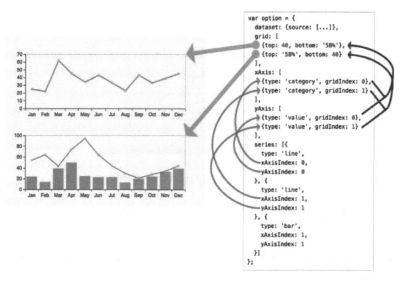

图 12-9　多个 grid 环境下坐标轴的设置

12.3　可视化类型

ECharts 支持多种可视化类型，具体支持的可视化类型如图 12-10 所示。

在 12.2.2 节创建可视化组件时，我们在 series 中的 type 参数设置图表的可视化类型，在图 12-10 所示的支持类型概览图中，如柱状图对应 bar，折线图对应 line……各个可视化类型在 type 参数中的设置与其下方对应的英文名称一致，只是都要写成小写。

如果要查阅各个可视化类型的详细使用方法，可以参考 ECharts 官网提供的帮助文档，在配置项中找到 series 组件的说明，就会根据 type 参数设置的不同分为不同的可视化类型进行说明介绍，如图 12-11 所示。

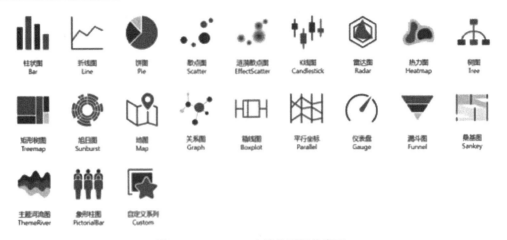

图 12-10　ECharts 支持的可视化类型

图 12-11　官方文档查阅可视化类型使用方法

接下来简要介绍折线图的一些使用与参数设置，以传达在 ECharts 中创建可视化组件的基本思想。

如果要创建基于折线图的可视化图表，在 series 组件中设置参数 type 的值为 line 即可。

1. 设置坐标系

虽然折线图一般都是在二维坐标系中实现，但是在 ECharts 中，支持使用两种坐标系（可选）。

- cartesian2d：使用二维的直角坐标系（也称笛卡儿坐标系），通过 xAxisIndex、yAxisIndex 指定相应的坐标轴组件。
- polar：使用极坐标系，通过 polarIndex 指定相应的极坐标组件。

当然如果不对该项参数进行设置，默认是使用二维直角坐标系。

2. 设置数据

数据设置的方法，一种是如图 12-3 所示在详细设置好 xAxis 坐标轴后，在 series 组件中，type 设置为折线图后，直接导入数据用于 y 轴的数据；另一种方法是如图 12-4 所示用 dataset 的方法，先设置所有创建可视化组件需要的数据集，再根据下标取值来设置对应的数据。

3. 其他可选设置

下面设置更多的参数，使得折线图更为美观或者能够传达更多的信息。

（1）线条样式

比如折线图中可以修改线型的颜色，设置 series-line. lineStyle. color 参数，颜色可以使用 RGB 表示，比如 rgb（128，128，128），如果想要加上 alpha 通道表示不透明度，可以使用 RGBA，比如 rgba（128，128，128，0.5），也可以使用十六进制格式，比如#ccc。除了纯色之外，颜色也支持渐变色和纹理填充，渐变色又包括线性渐变和径向渐变，渐变和纹理填充的代码都是通用的，用户在设置其他可视化图表的颜色参数时，都可以仿照设置相应的渐变和纹理效果。代码如下：

```
//线性渐变,前四个参数分别是 x0,y0,x2,y2,范围从 0 到 1,相当于在图形包围盒(即着色区域)中的百
  分比,如果 globalCoord 为'true',则该四个值是绝对的像素位置
color:{
type:'linear',
x:0,
y:0,
x2:0,
y2:1,
colorStops:[{
offset:0,color:'red'          //0%处的颜色
},{
offset:1,color:'blue'         //100%处的颜色
}],
global:false                  //默认为 false
}
//径向渐变,前三个参数分别是圆心 x,y 和半径,取值同线性渐变
color:{
type:'radial',
x:0.5,
y:0.5,
r:0.5,
colorStops:[{
offset:0,color:'red'          //0%处的颜色
},{
offset:1,color:'blue'         //100%处的颜色
}],
global:false                  //默认为 false
}
//纹理填充
color:{
image:imageDom,               //支持为 HTMLImageElement,HTMLCanvasElement,不支持路径字符串
repeat:'repeat'               //是否平铺,可以是'repeat-x','repeat-y','no-repeat'
}
```

（2）折线图区域填充

有的时候，需要对折线图进行填充颜色，可以给图表的阅读者传达更多的信息，比如折线图指定部分区域填充颜色就代表要重点关注涂色区域的数据。例如图 12-12 所示的折线图，在折线图下方有填充颜色。

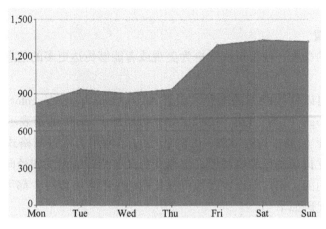

图 12-12　折线图填充颜色示例

区域填充颜色的参数是设置 areaStyle 的相关参数，如果不列出这一项则不会填色，如果里面不设置任何参数，只是 areaStyle：{ }，则会出现如图 12-12 所示的效果，默认填充红色，比如更改颜色可以设置 color 参数，设置方法在上一小节有介绍，包括设置渐变与纹理填充的代码跟之前是一致的，代码模板通用。

12.4　ECharts 数据交互与 API 使用

除了图表外，ApacheECharts（incubating）TM 中提供了很多交互组件。例如：图例组件 legenD、标题组件 title、视觉映射组件 visualMap、数据区域缩放组件 dataZoom、时间线组件 timeline，接下来以数据区域缩放组件 dataZoom 为例，介绍如何加入这种组件。

"概览数据整体，按需关注数据细节"是数据可视化的基本交互需求。dataZoom 组件能够在直角坐标系、极坐标系中实现这一功能。

（1）原理

dataZoom 组件可以对数轴（aXis）进行"数据窗口缩放""数据窗口平移"操作。可以通过 dataZoom. xAxisIndex 或 dataZoom. yAxisIndex 来指定 dataZoom 控制哪个或哪些数轴。本质上 dataZoom 的运行原理是通过"数据过滤"来达到"数据窗口缩放"的效果。

（2）支持形式

dataZoom 的数据窗口范围的设置，目前支持两种形式：

- 百分比形式：参见 dataZoom. start 和 dataZoom. end。
- 绝对数值形式：参见 dataZoom. startValue 和 dataZoom. endValue。

dataZoom 组件现在支持几种子组件：

- 内置型数据区域缩放组件（dataZoomInside）：内置于坐标系中。
- 滑动条型数据区域缩放组件（dataZoomSlider）：有单独的滑动条操作。
- 框选型数据区域缩放组件（dataZoomSelect）：全屏的选框进行数据区域缩放。入口和配置项均在 toolbox 中。

（3）在代码加入 dataZoom 组件

以图 12-13 所示的散点图为例。

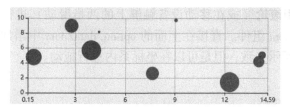

图 12-13　示例用散点图

先只对单独一个横轴，加上 dataZoom 组件，示例代码如下：

```
option = {
xAxis: {
type: 'value'
},
yAxis: {
type: 'value'
},
dataZoom: [
{//这个 dataZoom 组件,默认控制 x 轴
type: 'slider',                //这个 dataZoom 组件是 slider 型 dataZoom 组件
start: 10,                     //左边在 10%的位置
end: 60                        //右边在 60%的位置
}
],
series: [
{
type: 'scatter',              //这是个"散点图"
itemStyle: {
opacity: 0. 8
},
symbolSize: function( val) {
returnval[ 2] * 40;          //纵坐标值大小决定散点大小
},
data: [[ "14. 616","7. 241","0. 896"],[ "3. 958","5. 701","0. 955"],[ "2. 768","8. 971","0. 669"],
[ "9. 051","9. 710"," 0. 171"],[ " 14. 046"," 4. 182"," 0. 536"],[ " 12. 295"," 1. 429"," 0. 962"],
[ "4. 417"," 8. 167"," 0. 113"],[ " 0. 492"," 4. 771"," 0. 785"],[ " 7. 632"," 2. 605"," 0. 645"],
[ "14. 242"," 5. 042"," 0. 368"]]
}
]
}
```

加入上述代码所示的 dataZoom 组件后，如图 12-14 所示，可以在下方的缩放组件中左右拖动或者调动可见宽度，上面的图只能拖动 dataZoom 组件导致窗口变化。如果想在坐标

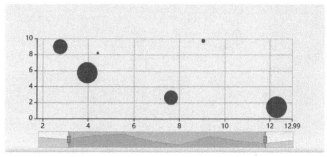

图 12-14　加入 dataZoom 组件后效果

系内进行拖动，以及用滚轮（或在移动设备触屏上的两指滑动）进行缩放，那么要再加上一个 inside 型的 dataZoom 组件。直接在上面的 option. dataZoom 中增加即可，增加代码后效果看起来与图 12-14 所示一致，但是可以在坐标系内进行拖动。

增加的代码如下：

```
option = {
…,
dataZoom: [
{                        //这个 dataZoom 组件,默认控制 x 轴
type:'slider',           //这个 dataZoom 组件是 slider 型 dataZoom 组件
start:10,                //左边在 10%的位置
end:60                   //右边在 60%的位置
},
{                        //这个 dataZoom 组件,也控制 x 轴
type:'inside',           //这个 dataZoom 组件是 inside 型 dataZoom 组件
start:10,                //左边在 10%的位置
end:60                   //右边在 60%的位置
}
],
…
}
```

类似的，如果希望 y 轴也能够缩放，那么在 y 轴也加上 dataZoom 组件，代码如下：

```
option = {
…,
dataZoom: [
{
type:'slider',
xAxisIndex:0,
start:10,
end:60
},
{
type:'inside',
xAxisIndex:0,
start:10,
end:60
},
{
type:'slider',
yAxisIndex:0,
start:30,
end:80
},
{
type:'inside',
yAxisIndex:0,
start:30,
end:80
}
],
…
}
```

效果如图 12-15 所示，并且因为也设置了 inside 参数，同样可以在坐标轴内进行缩放与

拖动。

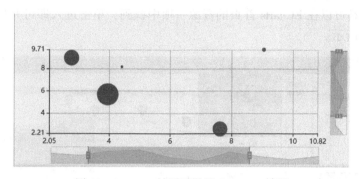

图 12-15 x、y 轴同时设置 dataZoom 效果

　　ECharts 提供了供用户使用的 API 接口，是一些预先定义的函数，用户使用这些 API 无需访问源码，或理解内部工作机制的细节，而只需要理解 API 实现的功能即可。减少用户代码的编辑量以及编辑界面的繁杂程度，很大程度上提高了用户创建可视化图标的效率。

　　ECharts 提供的 API 有四大类型：

- echarts：全局 ECharts 对象，在 script 标签引入 echarts. js 文件后获得。
- echartsInstance：即通过 echarts. init 创建的实例。
- ECharts 中支持的图表行为，通过 dispatchAction 触发。
- 在 ECharts 中主要通过 on 方法添加事件处理函数，该文档描述了所有 ECharts 的事件列表。ECharts 中的事件分为两种，一种是鼠标事件，在鼠标单击某个图形上会触发，还有一种是调用 dispatchAction 后触发的事件。

　　比如在图 12-2 中创建 DOM 容器后使用 echarts. init(dom)创建可视化实例时，其实本质上就是调用 API，用户直接使用 echarts. init 这个 API 而不需要弄清楚 echarts. init 内部的代码长什么样，也不需要弄懂 echarts. init 具体如何通过 DOM 容器创建 instance 实例。

　　再比如 echarts. init()会返回 echartsInstance 对象，之后即是对 echartsInstance 的对象进行编辑以创建可视化图表，最后调用 echartsInstance. setOption(option)的 API（option 是用户之前创建的 echartsIntance 对象的组件设置），就能打包将设置的组件以用于在 HTML 页面中展示，用户在使用这个 API 时也不会知道具体是通过什么代码将之前 option 设置的各组件的参数用于创建图表并显示的。

　　总的来说，API 接口看起来因为用户不知道调用的函数代码长什么样、具体的功能如何，而产生一种 API 很难用、很难理解的错觉，而通过上面两个例子：ECharts 实例的创建与组件的运行显示，其实 API 接口的调用也可以很简单，就是实现一些最基本、简单的功能，只是用户并不需要知道调用的函数背后是怎样的原理，理解 API 背后的代码与功能这跟绝大多数用户掌握的使用 ECharts 工具并无直接关系，当然 ECharts 是开源的，如果用户希望在 GitHub 等平台参与对 ECharts 开发与优化并做出贡献，则理解这些源码才是有必要的。

12.5　主题与扩展管理

　　ECharts 是我们在项目中经常使用的数据可视化插件，默认的主题样式基本能满足我们的需求，但是如果用户对于可视化组件的颜色样式以及美观程度有更高的追求，ECharts 官方提供了主题构建工具，让用户能够轻松实现自定义各种样式配置，并且易于导入并应用于实际可视化组件的创建。

主题构建工具可以在 ECharts 首页的资源一项中找到，单击进入即可开始自定义主题配置，如图 12-16 所示。

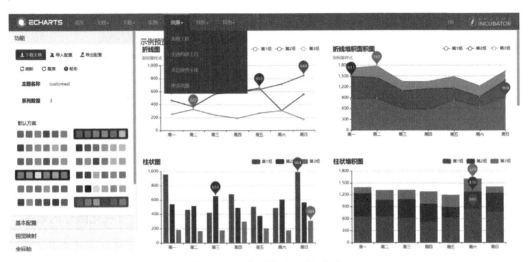

图 12-16 主题构建工具页面

主题构建页面提供了几种默认方案，在构建工具页面的左侧，用户可以根据喜好选择一种默认方案导出，在页面左上方，如图 12-17 所示，如果直接选择"导出配置"，则会直接下载 JSON 文件，如果选择"下载主题"，则会有两种可选下载方式，一种是导出 JS 版本文件，如图 12-18 所示，在创建 HTML 中的图表时引用以导入主题，另一种方式则是下载 JSON 版本文件，如图 12-19 所示，在编辑 HTML 时需要导入再转换为 JSON 对象，需要使用 echarts. registerTheme( ) 注册主题，再在 echarts. init( )中传入第二参数导入主题以创建图表。

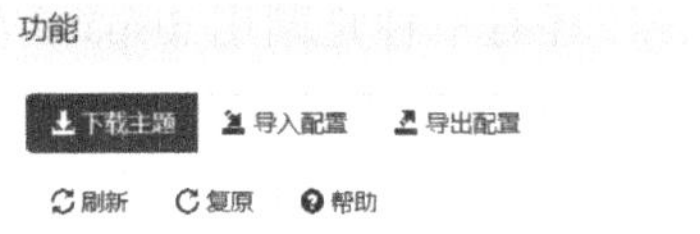

图 12-17 选择导出方式

图 12-18 导出为 JS 版本

如果默认主题无法满足用户对于可视化组件美观的需求，用户可以自行搭配各种颜色以及其他各种配置，ECharts 为我们提供了基本配置、视觉、坐标轴、图例、提示框等各个模块的样式的配置，如图 12-20 所示。可以选择这些模块展开配置，比如以折线图的自定义

```
{
    "color": [
        "#c23531",
        "#2f4554",
        "#61a0a8",
        "#d48265",
        "#91c7ae",
        "#749f83",
        "#ca8622",
        "#bda29a",
```

图 12-19　导出为 JSON 版本

主题为例，展开折线图的自定义选项如图 12-21 所示，可以设置是否使用平滑曲线连接或是折线图上各个坐标点的形状。

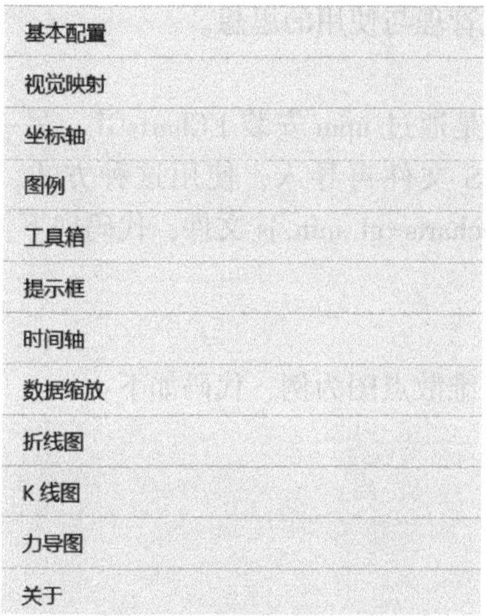

图 12-20　自定义主题配置选项 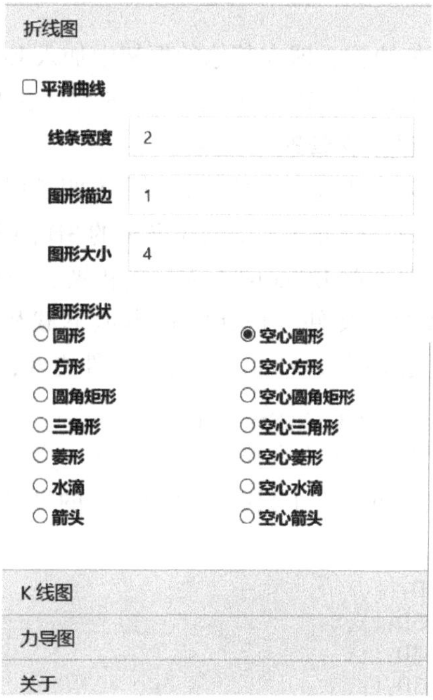　　　　图 12-21　折线图的自定义主题设置

下面介绍 ECharts 扩展的管理。

1. 扩展插件简介与下载

ECharts 在下载界面可以选择扩展下载，如图 12-22 所示，可以在此免费下载各类 ECharts 扩展插件，以获取更丰富的图表类型和增强功能。

ECharts 主要支持四大类的扩展插件：

● 图表与组件，比如其中代表性的 EChartsGL 支持 3D 图表。

● 功能增强，比如统计工具可以让 ECharts 支持在编辑可视化图表的过程中加入更强大的统计模块。

图 12-22　扩展下载界面

- 框架协作，即在其他的框架中加入 ECharts 的协作编辑。
- 其他语言，ECharts 是基于 JS 文件在 HTML 环境中编辑可视化图表。

2. 扩展插件管理与使用

接下来将通过两个简单的例子说明扩展的下载管理与使用的思想。

（1）在 EChartsGL 中创建简单的 3D 图表

首先要下载 EChartsGL 对应的扩展，一种方式是通过 npm 安装 EChartsGL，另一种方式则是下载相应文件，是针对在本地下载相应的 JS 文件再导入，使用这种方式，在编辑 HTML 时除了引入 echarts. min. js 文件之外，引入 echarts-gl. min. js 文件，代码如下：

```
<scriptsrc = " dist/echarts. min. js" ></script>
<scriptsrc = " dist/echarts-gl. min. js" ></script>
```

下面以创建一个只有三个坐标点的最简单的三维散点图为例，代码如下：

```
option = {
grid3D: {},
xAxis3D: {},
yAxis3D: {},
zAxis3D: {},
series: [{
type:'scatter3D',
symbolSize:50,
data:[[-1,-1,-1],[0,0,0],[1,1,1]],
itemStyle: {
opacity:1
}
}]
};
myChart. setOption( option);
```

这段代码放在 ECharts 网页的在线简易编辑器中运行，结果如图 12-23 所示。如图 12-24 所示，右侧生成的三维图表可以拖动，以从不同视角查看。

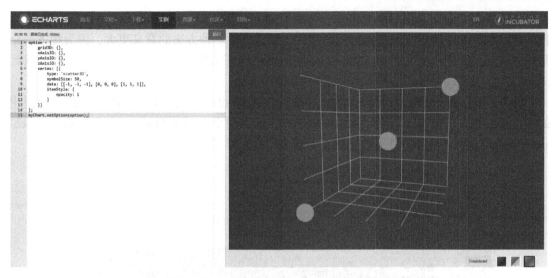

图 12-23　使用 EChartsGL 创建的 3D 图表

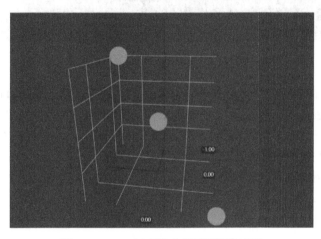

图 12-24　3D 图表拖动从不同视角查看

（2）使用 Python 创建 ECharts 图表

ECharts 是一个由百度开源的数据可视化，凭借着良好的交互性、精巧的图表设计，得到了众多开发者的认可。而 Python 是一门富有表达力的语言，很适用于数据处理。当数据分析遇上数据可视化时，pyecharts 诞生了。其特性如下。

- 简洁的 API 设计，支持链式调用。
- 囊括了 30+种常见图表。
- 支持主流 Notebook 环境，JupyterNotebook 和 JupyterLab。
- 可轻松集成至 Flask、Sanic、Django 等主流 Web 框架。
- 高度灵活的配置项，可轻松搭配出精美的图表。
- 详细的文档和示例，帮助开发者更快地上手项目。
- 多达 400+地图文件，并且支持原生百度地图，为地理数据可视化提供强有力的支持。

关于其下载安装方法，由于是换作基于 Python 运行，所以不能像之前安装 EChartsGL 一样使用 npm 安装或直接下载 JS 文件的贴近 ECharts 本体的安装方法。

一种安装方法是直接 pipinstallpyecharts-U 进行安装，另一种则是从 GitHub 上克隆下来再进行安装，如果对于开发倾向更强的用户，事实上后一种方法的意义更大，因为接下来介绍的方法其实适用于大多数从 GitHub 安装 Python 第三方库的过程，尤其是有时候会遇到 pipinstall 方法失效，当然这需要有一定的 git 使用基础。

首先选择下载 pyecharts 源码包的文件夹，如图 12-25 所示，再右键单击 GitBash（使用的 Windows 版本下的 git）进入 gitbash 命令行，输入指令 gitclonehttps://GitHub. com/pyecharts/pyecharts. git，耐心等待下载完成，下载成功后，结果如图 12-26 所示。

图 12-25　在文件夹下运行 git 命令行

```
$ git clone https://github.com/pyecharts/pyecharts.git --depth 1
Cloning into 'pyecharts'...
remote: Enumerating objects: 166, done.
remote: Counting objects: 100% (166/166), done.
remote: Compressing objects: 100% (148/148), done.
Receiving objects: 91% (152/166), 148.0remote: Total 166 (delta 27), reused 48
(delta 10), pack-reused 0
Receiving objects: 100% (166/166), 674.62 KiB | 657.00 KiB/s, done.
Resolving deltas: 100% (27/27), done.
```

图 12-26　git_clone 下载完成结果

之后再在 CMD 命令行中切换至安装 pyecharts 的文件夹，输入 pipinstall-rrequirements. txt 指令（这一指令代表需要按照该第三方库所依赖的其他第三方库，如果不进行此项操作可能会导致引用该第三方库时出现错误），安装相应依赖的库，之后再在 CMD 命令行中输入 pythonsetup. pyinstall 指令开始安装。

安装成功后，例如输入以下代码：

```
from pyecharts. charts importBar
from pyecharts import options as opts

bar=(
Bar()
. add_xaxis(["衬衫","毛衣","领带","裤子","风衣","高跟鞋","袜子"])
. add_yaxis("商家 A",[114,55,27,101,125,27,105])
. add_yaxis("商家 B",[57,134,137,129,145,60,49])
. set_global_opts(title_opts=opts. TitleOpts(title="某商场销售情况"))
)
bar. render()            #生成 HTML

#不习惯链式调用的开发者依旧可以单独调用方法
"""
bar=Bar()
bar. add_xaxis(["衬衫","毛衣","领带","裤子","风衣","高跟鞋","袜子"])
bar. add_yaxis("商家 A",[114,55,27,101,125,27,105])
bar. add_yaxis("商家 B",[57,134,137,129,145,60,49])
bar. set_global_opts(title_opts=opts. TitleOpts(title="某商场销售情况"))
bar. render()
"""
```

打开 HTML 文件后得到这样一个可视化结果，如图 12-27 所示。

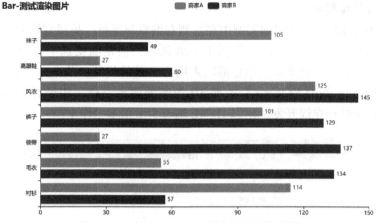

图 12-27　使用 pyecharts 创建的可视化实例

12.6　案例：人口增长数据模拟与分析

在使用 ECharts 前，我们需要下载 ECharts 并且配置好相应环境，用户可以通过以下几种方式获取 ECharts：

- 从 ApacheECharts（incubating）官网下载界面获取官方源码包后构建。
- 在 ECharts 的 GitHub 获取。
- 通过 npm 获取 echarts，npminstallecharts--save，详见"在 webpack 中使用 echarts"。
- 通过 jsDelivr 等 CDN 引入。

接下来介绍几种常见的开发环境。

（1）下载 JS 文件编辑 HTML

在 HTML 的编辑中，如果是选择下载好相关源码，在文件头部引入下载的 ECharts 的相关 js 文件，这样即可进入 ECharts 的编辑环境，代码如下：

```
<!DOCTYPEhtml>
<html>
<head>
<metacharset="utf-8">
<!--引入 ECharts 文件-->
<scriptsrc="echarts. min. js"></script>
</head>
</html>
```

（2）使用 CDN 添加 script 编辑 HTML

也可以不用下载任何源码，使用 jsDelivr 提供的 CDN，在 HTML 代码中，需要将 head 节点下的 script 节点内的 src 改为 CDN 的地址，echarts. min. js 在 CDN 中对应的地址是 https://cdn. jsdelivr. net/npm/echarts/dist/echarts. min. js，直接修改后代码如下：

```
<!DOCTYPEhtml>
<html>
<head>
<metacharset="utf-8">
<!--引入 ECharts 文件-->
<scriptsrc="https://cdn. jsdelivr. net/npm/echarts/dist/echarts. min. js"></script>
</head>
</html>
```

（3）使用在线编辑器

在 12.5 节中，ECharts 官网的实例中在左侧有编辑与运行，虽然官网并未提供直接从空白编辑器编辑 ECharts 实例的页面，如图 12-28 所示，但是随便选中一个实例，使用类似图 12-23 所示方法，在编辑界面清空然后写入用户自己的代码，单击运行以获得图表结果，就跟 12.5 节中运行示例的 EChartsGL 扩展 3D 图表的效果一样。如果对 HTML 开发不太上手，可以考虑直接进行在线开发，比起 HTML 编辑少了很多工作量。

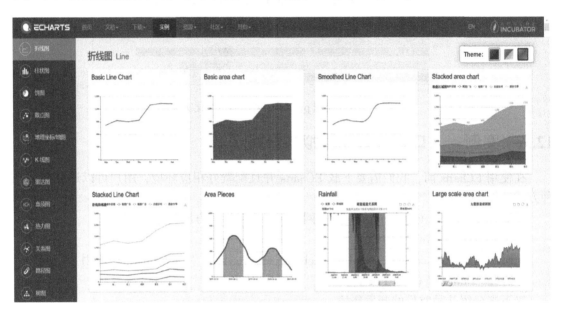

图 12-28　ECharts 官网实例页面

（4）使用扩展插件实现 Python 等第三方语言开发

下载安装 pyecharts 库后，可以使用如 JupyterNotebook 等环境进行开发，示例如图 12-29 所示。

为了模拟 ECharts 在处理大数据上的能力，我们将模拟生成 20000 条日期数据构成的时间序列，这是一个每天的数据基于前一天数据加上一个可正可负的随机生成值，比如可以用于随机模拟一段时间的人口净增长模型，数据生成器代码用 JavaScript 写成如下：

```
varbase = +newDate(1970,1,1);
varoneDay = 24 * 3600 * 1000;
vardate = [];

vardata = [Math. random() * 300];

for(vari = 1;i<20000;i++){
varnow = newDate(base + = oneDay);
date. push([now. getFullYear(),now. getMonth()+1,now. getDate()]. join('/'));
data. push(Math. round((Math. random()-0. 5) * 30+data[i-1]));
}
```

为了直观展示这个随机模型的结果，以求反映随着时间数据变化的趋势，案例选择使用折线图进行可视化展示，创建相应的可视化组件的 JSON 格式代码如下：

```
In [1]: from pyecharts.charts import Bar
        from pyecharts import options as opts

        bar = (
          Bar()
          .add_xaxis(["衬衫", "毛衣", "领带", "裤子", "风衣", "高跟鞋", "袜子"])
          .add_yaxis("商家A", [114, 55, 27, 101, 125, 27, 105])
          .add_yaxis("商家B", [57, 134, 137, 129, 145, 60, 49])
          .set_global_opts(title_opts=opts.TitleOpts(title="某商场销售情况"))
        )
```

```
In [2]: bar.render_notebook()
```

Out[2]: **某商场销售情况**　　　　　商家A　商家B

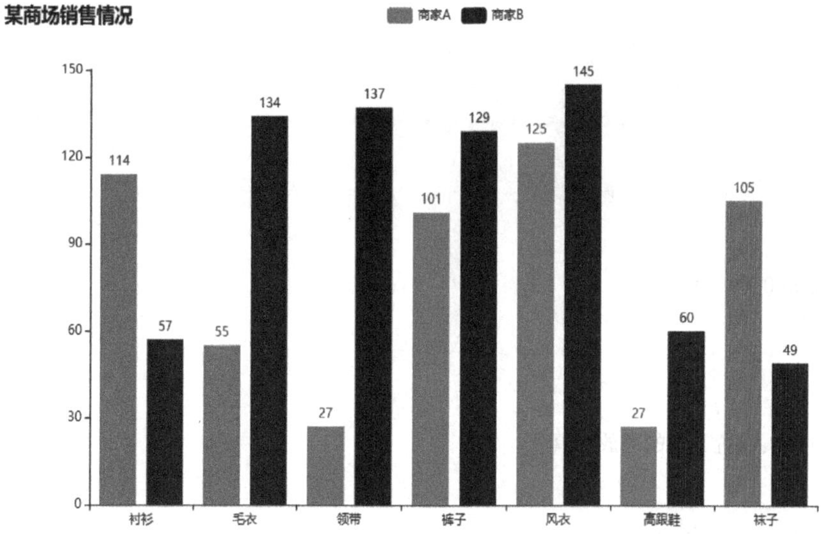

图 12-29　在 JupyterNotebook 环境使用 pyecharts 创建可视化实例

```
option = {
tooltip: {
trigger: 'axis',
position: function(pt) {
return [pt[0], '10%'];
}
//设置移动至折线图某点提示相关信息
},
title: {
left: 'center',
text: '大数据量面积图',
},
toolbox: {
feature: {
dataZoom: {
yAxisIndex: 'none'
},
restore: {},
saveAsImage: {}
}
},
xAxis: {
type: 'category',
boundaryGap: false,
```

173

```
data:date
},
yAxis:{
type:'value',
boundaryGap:[0,'100%']
},
dataZoom:[{
type:'inside',
start:0,
end:10
},{
start:0,
end:10,
handleSize:'80%',
handleStyle:{
color:'#fff',
shadowBlur:3,
shadowColor:'rgba(0,0,0,0.6)',
shadowOffsetX:2,
shadowOffsetY:2
}
}],
//由于时间跨度大,设置 x 轴的缩放工具
series:[
{
name:'模拟数据',
type:'line',
smooth:true,
symbol:'none',
sampling:'average',
itemStyle:{
color:'rgb(255,70,131)'
},
areaStyle:{
color:newecharts. graphic. LinearGradient(0,0,0,1,[{
offset:0,
color:'rgb(255,158,68)'
},{
offset:1,
color:'rgb(255,70,131)'
}])
},
//设置面积填充,包含有渐变效果
data:data
}
]
};
```

在 HTML 编辑器内完善格式或者在线运行后，最后生成的可视化图表如图 12-30 所示，结合对折线图下方进行渐变填色，对于这一大段时间内数据大小比不填充要直观，通过折线图能够反映数据变化的趋势。

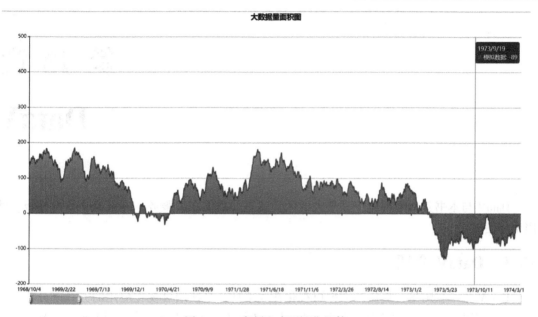

图 12-30　案例生成可视化组件

第 13 章

13

DataV

DataV 与本书其他可视化工具最大的区别就是其提供在线服务，并且有丰富的模板，使用十分便捷。

13.1 DataV 介绍

DataV 是一款阿里云提供的数据可视化在线工具，是使用可视化应用的方式来分析并展示庞杂数据的产品。通过拖拽的操作，使用数据连接、可视化组件库、行业设计模板库、多终端适配与发布运维等功能，让非专业人员可以快速地将数据的价值通过视觉进行传达。DataV 旨在让更多的人看到数据可视化的魅力，帮助非专业的工程师通过图形化的界面轻松搭建专业水准的可视化应用，满足用户会议展览、业务监控、风险预警、地理信息分析等多种业务的展示需求。

同时，DataV 具有如下多种特性使得工具广泛地受到各行各业的有数据分析需求的单位个体的认可。

13.1.1 多种场景模板

DataV 提供指挥中心、地理分析、实时监控、汇报展示等多种场景模板，满足各行各业的分析需求，只需经过简单修改即可快速投入使用。即使没有专业的可视化设计师，也可以做出高设计水准的可视化作品。比如在短视频、直播等自媒体流行的当下，为了更方便电商对直播数据进行可视化分析，DataV 提供了电商直播数据可视化模板，如图 13-1所示，在新建可视化项目时从对应模板创建即可。

应用创建成功后会跳转到画布编辑器页面，如图 13-2 所示，即可看到一款设计精良且有电商直播数据可视化功能的模板。创建完成后的模板分为两个主要区域，中部为直播视频区域，外围为上架商品、当前直播商品、订单列表、GMV 趋势等可视化数据。

图 13-1 电商直播数据可视化模板

图 13-2　画布编辑器页面

13.1.2　丰富的图标库与地理绘制支持

　　除针对业务展示优化过的常规图标外，如图 13-3 所示，还能够绘制包括海量数据的地理轨迹、地理飞线、热力分布、地域区域、3D 地图、3D 地球，以及地理数据的多层叠加。此外还接入了 ECharts、Antv-G2 等第三方开源图标库，如图 13-4 所示，从而实现 3D 地球、地理飞线等更为强大的地理绘制。

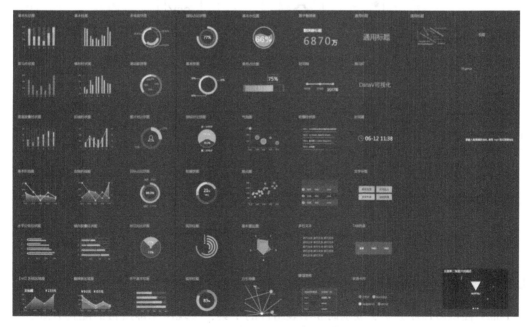

图 13-3　经过优化的常规图标

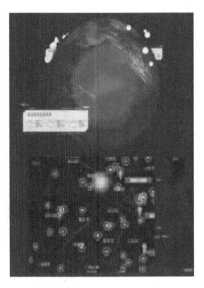

图 13-4　地理绘制举例

13.1.3　支持多种数据源

如图 13-5 所示，DataV 的所有版本都支持接入主流的数据源，如阿里云分析数据库（AnalyticDB，原 ADS）、RDS for MySQL、本地 CSV 上传和在线 API 接入，以及静态 JSON。更高级的版本支持动态请求等更为丰富高级的数据源。DataV 可实现各类大数据实时计算、监控的需求，充分发挥大数据计算能力。

图 13-5　DataV 支持的数据源

13.1.4　容易实现的图形化搭建工具

DataV 提供多种业务模块级别而非图表组件的工具，实现所见即所得的配置方式，无需编程能力，用户只需要通过拖拽，即可创造出专业的可视化应用，如图 13-6 所示，中间的界面是进行 DataV 可视化应用操作，右边的界面是 DataV 可视化应用配置样式。

图 13-6　DataV 可视化应用操作

13.1.5　灵活的发布方式

DataV 特别针对拼接的可视化应用端的展示做了分辨率优化，能够适配非常规的拼接分辨率。如图 13-7 所示，用户通过 DataV 工具创建的可视化应用能够发布分享，即使是没有购买 DataV 产品的用户也可以访问到应用。作为用户对外数据业务展示的窗口，且支持访问限制的设置，可以设置密码或者通过 Token 验证，加强了安全性和保密性。

图 13-7　可视化应用发布界面

13.2　可视化应用管理

在管理可视化应用的过程中，基础版的 DataV 最多可以创建 5 个可视化应用，企业版最多可以创建 20 个，专业版最多可以创建 40 个，请根据用户的需求合理选择 DataV 版本。

DataV 支持使用模板和马良（功能名称）两种方式创建可视化应用，本节主要介绍使用模板创建可视化应用的方法。

13.2.1 模板的使用

通过使用模板创建可视化应用的具体步骤如下：

1）登录 DataV 控制台。

2）在我的可视化页面，单击新建可视化。在我的可视化页面，可以查看所创建的所有可视化应用，以及还可以创建的可视化应用的数量。

3）在模板列表中，如图 13-8 所示，选择一个模板，单击创建项目。

4）在创建数据大屏对话框中，输入数据大屏名称，单击创建。

创建成功后，系统会跳转到可视化应用编辑器页面。

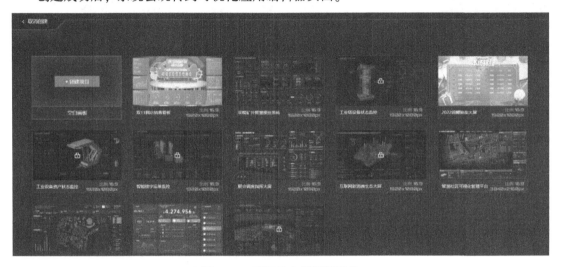

图 13-8　可视化应用模板列表

13.2.2 应用的创建与发布

本节介绍如何创建与发布一个可视化应用。

1. 编辑可视化应用

在我的可视化页面中，选择一个可视化应用，单击"编辑"图标，如图 13-9 所示。在可视化应用编辑页面，修改组件的布局和配置，或者添加、删除组件，完成可视化应用的编辑。编辑完成后，即可预览或发布可视化应用，查看效果。

同时在编辑器界面也可以对可视化应用进行重命名，如图 13-10 所示，在图示界面的底端，根据需要进行重命名操作。

图 13-9　编辑可视化应用

图 13-10　重命名操作

接下来将介绍可视化应用复制功能，用户可以在现有可视化应用的基础上，开发类似的可视化应用，或者作为开发测试环境来进行修改更新，且不会影响在线生产应用。如图 13-11 所示，在编辑器界面下排图标左数第二个的图标进行复制操作，复制成功后，系统会自动生成一个名为"原名称_copy"的可视化应用。用户可以修改此可视化应用的名称，并在此应用的基础上，修改可视化应用的布局和配置。

删除操作也很简单，在我的可视化页面中，选择一个可视化应用，单击"删除"图标，即可删除当前可视化应用，如图 13-12 所示。

图 13-11　复制操作　　　　　　　　　　图 13-12　删除操作

2. 复制可视化应用

本节将介绍如何将用户的可视化应用复制给其他用户，帮助用户快速地将可视化应用分享给他人，实现与他人合作共同完成可视化应用的开发。

在进行可视化应用的复制前，需要注意的是：

- 复制过去的可视化应用包含完整的数据配置，为避免数据泄露，在复制前请仔细核对用户识别码。
- 拷屏功能只适用于企业版及以上版本。

关于其具体步骤，在我的可视化页面中，选择一个可视化应用，单击位于中间的"拷屏"图标，如图 13-13 所示。

在"复制项目给他人"对话框中，输入对方的用户识别码（区分大小写），如图 13-14 所示。

图 13-13　拷屏操作

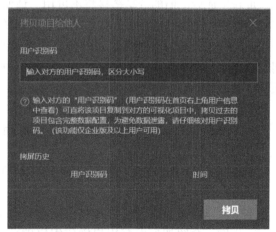

图 13-14　输入用户识别码

下面获取用户识别码。如图 13-15 所示，在我的可视化页面，将鼠标移至用户名称上，即可查看并单击复制用户识别码。

3. 预览与发布可视化应用

通过预览可视化应用，可以帮助用户及时查看开发完成的可视化应用效果，便于可视化应用的修改和完善。如图 13-16 所示，在我的可视化页面中，选择一个可视化应用，单击右上角的"预览"图标。预览成功且可视化应用符合预期后，可将可视化应用发布到线上环境供其他人员在线观看。

图 13-15　获取 DataV 用户识别码

图 13-16　预览操作

接下来介绍如何对可视化应用进行发布，选择一个可视化应用，单击"编辑"图标。在画布编辑器中，单击页面右上角的"发布"图标，如图 13-17 所示。在"发布"对话框中，单击发布大屏，如图 13-18 所示。

图 13-17　在画布编辑器中找到"发布"图标

图 13-18　"发布"对话框

发布成功后，系统会开启"已发布"开关，并生成分享链接。如图 13-19 所示，单击分享链接右侧的复制图标。（复制图标的左侧是刷新图标，单击后会重新生成一个分享链接。重新生成后，旧的分享链接将不可用，请使用新的分享链接访问目标可视化应用）。在浏览器中粘贴复制的链接，在线访问用户的可视化应用。

DataV 的发布功能提供了三种分享可视化应用的方式（另外两种方式在图 13-19 下方的访问限制中设置）：

- 公开（默认使用）分享。
- 密码访问（仅企业版及以上用户可用）分享。
- 通过 Token 验证（仅企业版及以上用户可用）分享。

本节从以链接形式创建可视化应用公开分享的例子出发，介绍如何发布用户创建编辑的可视化应用，进一步设置密码访问或者通过 Token 验证的用户可以在付费开通企业版或者更高版本后，结合阿里云官方文档进行设置。

图 13-19　复制分享链接

4. 发布快照

设置分享链接后，可以配置发布快照，指定访问者看到的可视化应用版本（默认为快照发布版本）。屏幕的内容会锁定在快照创建的那一刻。

具体操作方式如下（前三步均参考图 13-19 界面进行操作）：

1）在"发布"对话框的发布快照列表中，选择一个已存档的历史快照即可完成该历史快照的发布。

2）如果当前大屏没有历史快照，系统会将当前编辑器的内容作为第一个快照进行发布。

3）如果当前大屏有历史快照，系统会自动发布最新一个快照。

4）单击下方覆盖已发布快照，把已发布快照内的大屏的内容变成当前编辑页下的内容。

5）单击下方自动新增快照并发布，自动新增一个快照并选中新增的快照后，立刻发布。

单击下方管理快照，可在如图 13-20 所示的快照管理界面管理多个历史快照（注意企业版用户有 3 个管理快照的额度，专业版用户有 10 个管理快照额度），要注意管理好历史快照的数目，比如可以在管理快照界面内多选或全选快照后，单击下方批量删除图标进行快照的批量删除，如图 13-21 所示，注意，批量删除功能无法删除已发布和被锁定的快照。

图 13-20　快照管理界面

图 13-21　批量删除快照

关于快照管理，用户也可以自定义添加快照的注释内容，便于直观查看不同快照之间的版本差别。

13.3　数据源管理

对于 DataV 工具的数据源管理，除了常规可视化软件都具有的添加、编辑、筛选、排序和删除管理项之外，还有 DataV 特有的配置数据库白名单功能，在添加数据源之前，用户必须先将对应区域的 IP 地址添加进白名单。

13.3.1　添加 IP 地址白名单

如图 13-22 的表中所示，添加到数据源白名单中，以确保 DataV 能正常访问用户所有的数据库。

如果用户使用的数据源来自阿里云 RDS 数据库，请参考设置白名单，在 RDS 数据库配置中加入图 13-22 中的 IP 地址。

如果用户使用的数据源来自阿里云 ECS 上自建的数据库，需要在 ECS 的安全组规则、

外网白名单

区域		白名单
所有区域都需要配置的公共白名单。		139.224.92.81/24,139.224.92.22/24,139.224.92.35/24,139.224.4.30/24,139.224.92.102/24,139.224.4.48/24,139.224.4.104/24,139.224.92.11/24,139.224.4.60/24,139.224.92.52/24,139.224.4.26/24,139.224.92.57/24,112.74.156.111/24,120.76.104.101/24,139.224.4.69/24,114.55.195.74/24,47.99.11.181/24,47.94.185.180/24,182.92.144.171/24,139.224.4.32/24,106.14.210.237/24
在公共白名单的基础上，根据区域添加右侧的白名单。	华北3（张家口）	47.92.22.210/24,47.92.22.68/24
	华北1（青岛）	118.190.212.44/24
	华北5（呼和浩特）	39.104.29.35/24

内网（经典网络）白名单

区域		白名单
所有区域都需要配置的公共白名单。		11.192.98.48/24,11.192.98.61/24,11.192.98.47/24,10.152.164.34/24,11.192.98.58/24,10.152.164.17/24,10.152.164.42/24,11.192.98.37/24,10.152.164.31/24,10.152.164.66/24,10.152.164.22/24
在公共白名单的基础上，根据区域添加右侧的白名单。	华东1	11.193.54.74/24,11.193.54.148/24,11.197.246.34/24,11.196.22.196/24
	华南1	11.193.104.240/24,11.192.96.136/24
	华东2	11.192.98.16/24,10.152.164.14/24,11.192.98.36/24
	华北2	11.193.75.233/24,11.193.75.205/24,11.193.83.98/24,11.197.231.75/24
	华北3（张家口）	11.193.62.210/24,11.193.234.81/24
	华北1（青岛）	11.193.179.76/24,11.193.179.75/24
	华北5（呼和浩特）	11.193.183.183/24,11.193.183.184/24

图13-22　白名单IP地址列表

系统防火墙和用户的数据库白名单中都加入图13-22中的IP地址。

如果用户使用的数据源来自本地物理机上的数据库，需要在该物理机的系统防火墙、网络上的防火墙和用户的数据库白名单中都加入图13-22中的IP地址。

13.3.2　添加数据源

下面将举几个代表性的例子，说明如何添加数据源。

（1）从CSV文件添加数据源

从CSV文件添加数据源是DataV工具中最为简单的数据源添加操作，在"我的数据"页面中，单击"添加数据"。从类型列表中，选择CSV文件。直接上传即可（注意CSV文件大小不超过512 KB），如图13-23所示。

（2）添加静态JSON

静态JSON与之前直接在"我的数据"页面中直接添加不同，首先参见创建可视化应用，创

图13-23　CSV格式文件上传添加数据源

建一个可视化应用项目，如图 13-24 所示。单击应用画布中的一个组件，在右侧的配置面板中，单击数据。

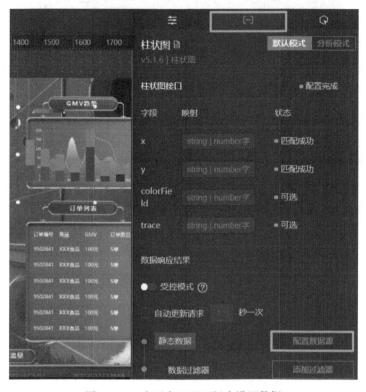

图 13-24　在画布配置面板中设置数据

在"设置数据源"对话框中，在数据源类型列表中选择静态数据，如图 13-25 所示。将静态 JSON 文件内容直接粘贴到图 13-25 的数据编辑框区域（注意 JSON 文件同样需要小于 512 KB）。

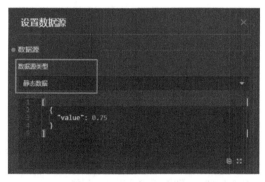

图 13-25　添加静态 JSON 数据

（3）添加兼容 MySQL 数据库的数据源

接下来介绍在 DataV 中添加兼容 MySQL 数据库数据源的方法，以及相关参数配置说明。通过兼容 MySQL 数据库的数据源，用户可以使用包括旧版本在内的 MySQL 数据库作为组件的数据源。

在我的数据页面中，单击添加数据。从类型列表中，选择兼容 MySQL 数据库。填写数据库信息，如图 13-26 所示。

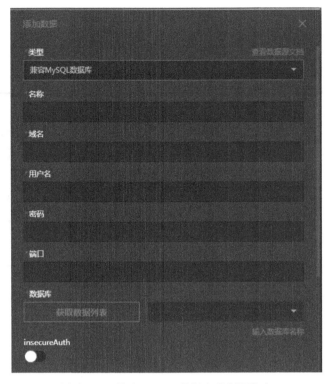

图 13-26　兼容 MySQL 数据库数据源信息

填写数据库信息的参数设置如图 13-27 所示。

参数	说明
名称	数据源的显示名称，可以自由命名。
域名	连接数据库的地址。 注意 该地址是需要DataV服务器能够通过公网或阿里云部分Region内网访问您数据库的域名或IP地址。例如使用DLA的外网地址：umxxxxxxxx-31xxxxxx.cn-hangzhou.datalakeanalytics.aliyuncs.com。
用户名	登录数据库的用户名。
密码	登录数据库的密码。
端口	数据库设置的端口。
数据库	当前所选数据库的名称。
insecureAuth	开启后，能够兼容旧版本的MySQL数据库（低于5.2版本，不保证全部兼容）。
兼容 Azure Database for MySQL	开启后，能够兼容微软的MySQL数据库。

图 13-27　数据库信息参数表格

　　数据库信息填写完成后，系统会自动进行测试连接，验证数据库是否能连通正常。如果数据库连通正常，连接成功后，单击确定，完成数据源添加。

　　更多 DataV 支持的数据源如图 13-28 的表格所示，分为数据库类、文件类、API 类以及其他的数据服务类型，更多数据源的添加方法可以参考阿里云 DataV 官方文档中添加其他类型数据源的方法。

图 13-28　DataV 支持的数据源列表

13.4　组件管理

丰富的组件需要良好的组件管理，本节将介绍 DataV 的组件管理机制。包括 DataV 支持的多种组件类型，以及每个类型下所包含的具体组件。

13.4.1　组件概览

目前 DataV 支持如图 13-29 所示类型的组件。

组件类型	组件
常规图表	包括柱形图、折线图、饼图、散点图以及其他类型的图表。
地图	包括3D地球、基础平面地图、3D平面世界地图、3D平面中国地图、3D球形地图和三维城市。
媒体	包括萤石云播放器、单张图片、RTMP视频流播放器、轮播图和视频。
文字	包括轮播列表、业务指标趋势、键值表格、通用标题、跑马灯、词云、轮播列表柱状图、数字翻牌器、多行文本、进度条、进度条表格、状态卡片、文字标签和时间器。
关系网络	包括关系网络和弦图。
素材	包括箭头标绘、自定义背景块、边框、装饰和标志墙。
交互	包括轮播页面、全屏切换、iframe、时间轴、地理搜索框、Tab列表和其他高级交互组件。
其他	包括一些辅助图形，例如时间选择器。

图 13-29　DataV 支持的组件类型

13.4.2　配置组件数据

接下来介绍配置组件数据的方法，以及组件数据面板的内容，包括数据接口、数据源、数据过滤器和数据轮询频次等。

在我的可视化页面，单击您创建的可视化应用项目，如果页面中没有可视化应用项目，需要首先创建可视化应用项目。接着在画布编辑器页面，如图 13-30 所示，先单击图层栏或画布中的某一个组件，之后单击编辑器右侧的"数据"图标，在数据面板中，查看并修改当前所选中组件的数据项配置。

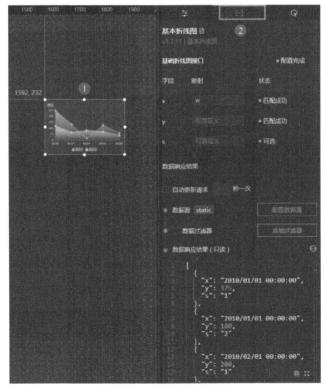

图 13-30　组件数据项配置

188

各个数据项（数据接口、自动更新、数据源、数据过滤器）的详细配置如下。

（1）数据接口

组件的数据接口中展示了组件所包含的数据字段、对应的映射以及数据响应状态。

1）字段：展示组件的默认字段。

2）映射：当您所配置的数据源中的字段与组件的默认字段名称不一致时，可以在映射输入框中，输入您数据源中的字段，并将这些字段映射到组件对应的字段上。无需修改数据源中的字段，就可以实现数据的实时匹配。

3）响应状态：可实时展示组件的数据响应状态，响应成功时显示为匹配成功。

（2）自动更新

有些可视化界面的设计是要求实时更新的，比如对于商场人流、交通状况等场景下进行实时的跟踪，就对数据源有实时更新的要求，而在 DataV 工具中，支持设置自动更新请求，勾选自动更新请求可以设置动态轮询。除此之外，用户还可以手动输入轮询的时间频次。

（3）数据源

DataV 的组件默认使用静态数据源（即静态 JSON 文件）。单击配置数据源，可在设置数据源页面修改数据源的类型和脚本，比如之前在 13.3.2 节当中使用静态 JSON 文件作为数据源，就是在组件界面通过数据源页面修改数据源。

（4）数据过滤器

勾选数据过滤器，启用数据过滤器功能。单击添加过滤器，可在设置数据源页面配置数据过滤器脚本，可以使用数据过滤器，自定义数据过滤代码，实现数据结构转换、筛选和一些简单的计算。

下面举一个简单的例子来说明设置数据过滤器的过程，如图 13-31 所示，在画布编辑器页面，单击图层栏或画布中的某一个组件。单击编辑器右侧的"数据"图标。在数据面板中，选中数据过滤器并单击右侧的添加过滤器。在设置数据源页面中，单击添加过滤器右侧的+号，如图 13-32 所示。

在过滤器代码编辑框中，输入当前组件数据的过滤代码，如图 13-33 所示，过滤器输入的数据是 DataV 生成组件所使用的静态 JSON 文件，在右方数据过滤器中输入过滤代码，之后会在左下方获得过滤器的运行结果，比如我们在右方过滤器中输入图中的代码，运行结果

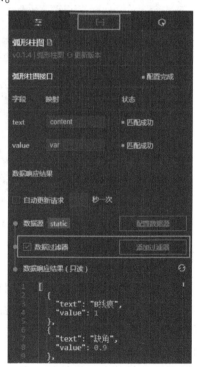

图 13-31　在编辑器数据栏中添加过滤器

只会保留一个 value 值为 1 的 JSON 文件。测试成功后，单击数据响应结果右侧的刷新图标，可以在可视化应用上查看组件的展示效果。

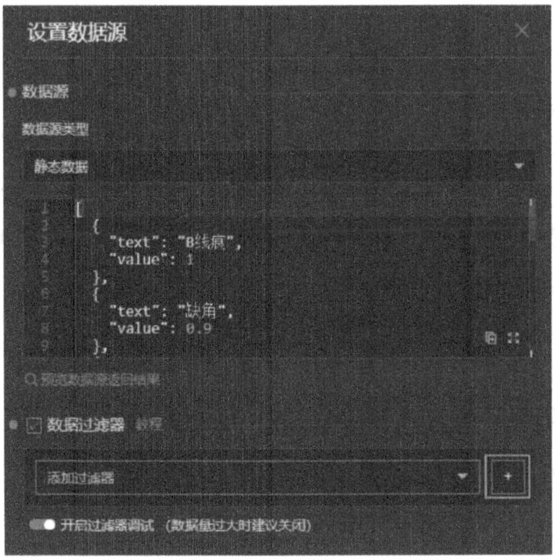

图 13-32　单击+号新添加过滤器

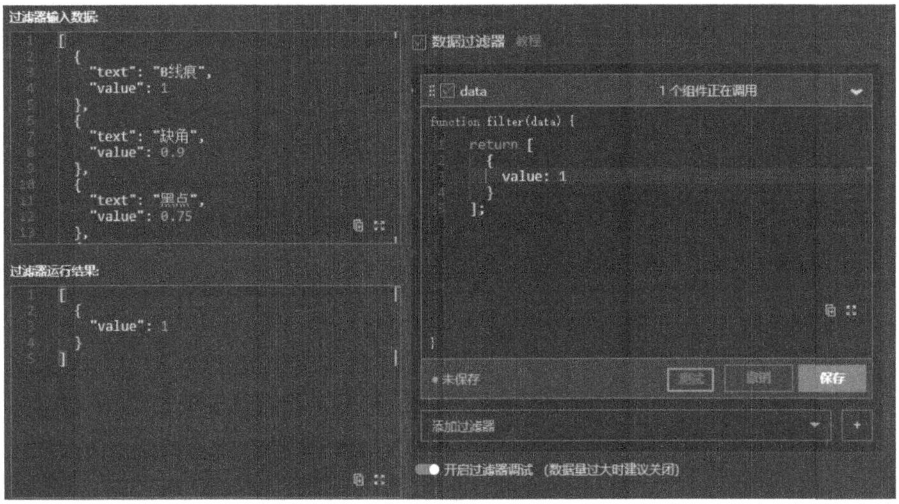

图 13-33　输入过滤代码获得运行结果

13.4.3　配置组件交互

关于组件交互的配置，DataV 工具支持的基础的交互组件有轮播页面、全屏切换、iframe、时间轴、地理搜索框和 Tab 列表。

下面介绍各个组件的基本使用方法与参数设置，从中可以体会到组件包使用的思想。

（1）轮播页面

轮播页面是基础交互组件的一种，仅支持在数据中配置页面的属性，包括 ID、页面名称和链接，适用于在可视化应用中轮播展示多个网页。

轮播页面组件的数据包括大屏轮播数据接口和当前大屏数据接口，大屏轮播数据接口如图 13-34 所示，可以设置各个轮播页面的 ID。页面名称和轮播页面的链接，对应参数字段 id、serieName、url。

对于当前大屏数据接口，界面如图 13-35 所示，其中参数 id 代表可视化应用中各轮播页面的 ID，下方数据响应结果代表当前大屏所显示的页面。

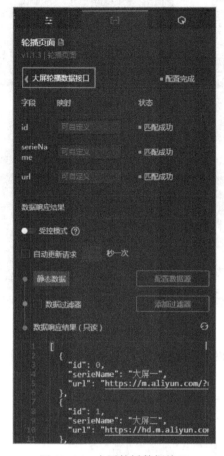
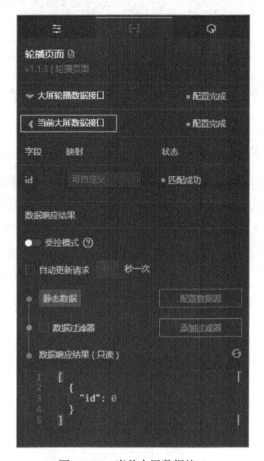

图 13-34　大屏轮播数据接口　　　　　图 13-35　当前大屏数据接口

（2）全屏切换

全屏切换是基础交互组件的一种，支持切换图标和背景样式配置，支持自定义背景的显隐，能够灵活地在全屏展示和小屏展示中进行切换，设置界面如图 13-36 所示。全屏切换交互组件的设置参数多样，例如其尺寸、位置、旋转角度、透明度等，最重要的是可以自定义全屏设置与退出全面的图标图案以及背景颜色和图标的圆角。

（3）iframe

iframe 是基础交互组件的一种，支持自定义 iframe 链接，支持自定义 iframe 的显隐，适用于将网页嵌入大屏中进行显示。即如果进行 iframe 交互，则能在用户创建的可视化应用中打开网页并嵌入在大屏中显示，iframe 设置界面如图 13-37 所示，最主要是设置单击后嵌入的网页。

同时 iframe 交互组件对于嵌入大屏的网页界面有三项重要的参数，设置如下：

- 可关闭：打开开关，在预览或发布页面，组件右上角会出现一个关闭按钮，单击此按钮可关闭该网页。
- 始终显示关闭按钮：打开开关，关闭按钮始终显示在页面；关闭开关，关闭按钮在鼠标离开页面后会消失。注意，仅在开启可关闭后可配置。
- 不可滚动：打开开关，网页在预览时页面不能上下滚动；关闭开关，页面可以滚动。

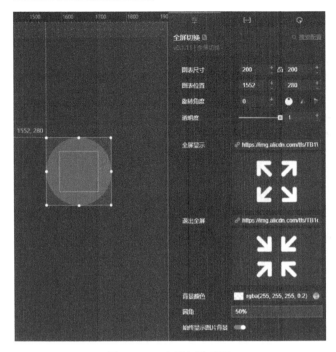 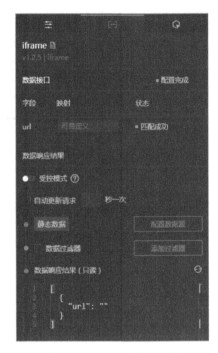

图 13-36　全屏切换设置　　　　　　　图 13-37　iframe 设置界面

以如图 13-38 所示的 iframe 示例嵌入大屏的网页为例，该示例中设置了可关闭，可滚动。

图 13-38　iframe 示例嵌入大屏网页

（4）时间轴

时间轴是基础交互组件的一种，支持自定义时间轴的节点标签样式、事件节点样式以及交互等，适用于在可视化应用中展示不同时间段的数据变化情况，比如使用时间轴组件实现数据轮播。时间轴的关键设置是配置事件节点和相应数据字段的关系。

如图 13-39 所示，组件左侧是时间轴形式的，单击每一个时间轴上的节点就会跳转到相应时间点的可视化组件，右侧可以对时间轴上节点选中的样式如填充色和边框进行设置。

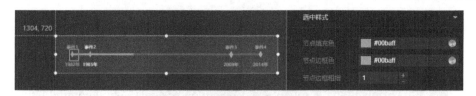

图 13-39　时间轴节点选中样式

事件节点的种类有三种数据格式可选：数值型、类目型和时间型。如图 13-40 所示，如果选择时间型数据格式，需要根据数据格式进行配置，例如数据为11382-02-01 17:013，则此配置项应该设置为%Y-%m-%d %H:%M。注意只有当事件种类为时间型时，该配置项（红色方框圈起的"数据格式"一栏）才会显示。

图 13-40　数据格式配置

关于数据字段，如图 13-41 的界面所示进行配置，关于各个字段意义的解释如下：

- name：轴线下侧标签的显示文本。
- text：（可选）轴线上侧标签的显示文本。
- value：设置事件节点的值。如果为日期格式，需要与数据格式配置项保持一致。
- width，height：标签文本的宽度和高度，单位为 px，默认不用配置。

同时从图 13-42 所示的时间轴组件实例与右侧的数据字段相互对照，可以更为直观地理解各项字段参数的设置。

（5）地理搜索框

地理搜索框是基础交互组件的一种，支持自定义搜索框和结果框大小、位置、颜色和文本样式等，一般情况下需要与地图组件配合使用完成地区的搜索任务，并显示在可视化应用上。如图 13-43 所示，结合地图，在搜索框内输入地名就可以匹配相应的地理搜索结果。

如图 13-44 所示，关于地理搜索框的参数设置，除了常规的设置图表尺寸位置、旋转角度和透明度等，地理搜索框主要是设置搜索框的样式与结果框的样式，其中特别的是可以设置提示文字，如图中所示。默认设置为"省|市|县|地区代码"，在提示框内这样提示有助于可视化应用的使用者更好地输入进行地理搜索。

（6）Tab 列表

Tab 列表是基础交互组件的一种，支持自定义 Tab 的颜色、数量、类型以及标签样式等，可以通过交互配置，与其他组件配合使用，在

图 13-41　数据字段说明

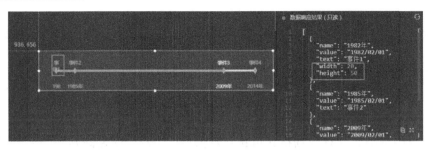

图 13-42　数据响应结果与时间轴实例对照

可视化应用中展示所选择 Tab 的标签内容。

　　Tab 列表主要设置有两个字段，如图 13-45 所示。

- id：Tab 选项卡的标签 ID，初始化值配置项需要使用此变量的值来定义初始化选中的 Tab 标签。
- content：Tab 选项卡的标签名称。

　　Tab 列表的效果如图 13-46 所示，设置后会在可视化应用中展示所选择 Tab 的标签内容。

上海市

中华人民共和国 | 上海市(310000)
上海市 | 上海市市辖区(310100)
上海市 | 上海市郊县(310200)
上海市市辖区 | 闸北区(310108)

图 13-43　地理搜索结果

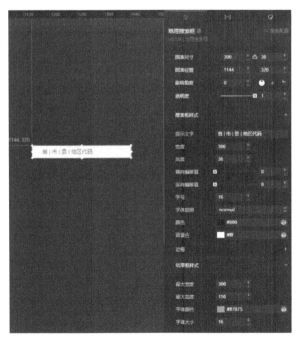

图 13-44　地理搜索框参数设置

图 13-45　Tab 列表主要参数设置

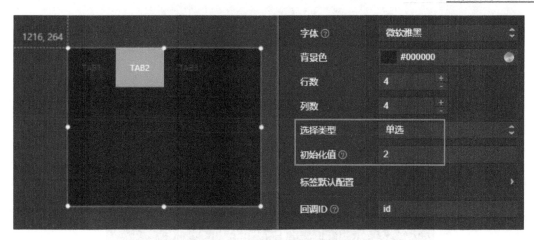

图 13-46　Tab 列表实际使用效果

13.4.4　组件包的使用与管理

如果要使用整合了多个可视化组件的组件包，则需要通过组件包管理功能，企业版以上用户可以将开发完成的组件上传至组件包中进行管理，并对特定人员进行授权，实现组件共享。注意到管理组件包的功能为企业版及以上版本的功能，如果用户需要使用此功能，请先将 DataV 升级到相应版本。

如图 13-47 所示，在我的组件中选择我的组件包新建组件包。接下来如图 13-48 所示，在组件包新建界面中输入中英文名，可选插入项目封面和描述。组件包创建成功后，会首先进入审核状态，系统会在 1~2 天内审核完毕。如果审核成功，用户可以单击我的组件→我的组件包→查看组件包，查看审核通过的组件包并上传用户创建的组件包。

图 13-47　新建组件包

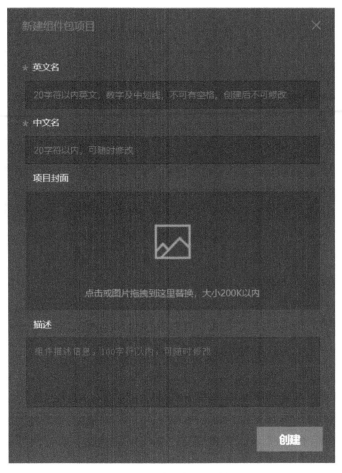

图 13-48 新建组件包初始设置

创建组件包后可以对其进行编辑，单击组件包右上角的"编辑组件包"图标，如图 13-49 所示，可修改组件包的中文名、项目封面和描述，但不支持修改组件包的英文名。

用户可以使用授权组件包功能，实现多人共享组件功能。注意：授权组件包功能目前仅专业版用户可以使用，如果用户需要使用此功能，请先将 DataV 升级到专业版本。

图 13-49 进入编辑界面

其具体步骤如下：

1）登录 DataV 控制台。

2）在我的组件页面，在左侧列表中选择我的组件包。

3）在我的组件包页面，单击组件包右上角的组件包授权图标。

在组件包授权对话框中，如图 13-50 所示填写如下信息，包括分享用户的识别码、授权等级（授权等级分为订阅者和开发者，订阅者只能在我的组件页面中看到已正式上线的组件，而开发者能开发组件、上传组件，并且能在我的组件页面中看到审核中和已经正式上线的组件）。

图 13-50　组件包授权

13.5　案例：店铺销售数据可视化

在本章的最后，将通过一个案例回顾 DataV 的使用，因为 DataV 提供了很多强大且生动形象的模板供广大用户使用，为了便于读者理解，本章末尾的案例演示将使用店铺销售数据看板来进行案例演示。

（1）创建可视化应用

首先在我的可视化页面选择"新建可视化"，如图 13-51 所示，在模板列表中选择"店铺销售看板"。

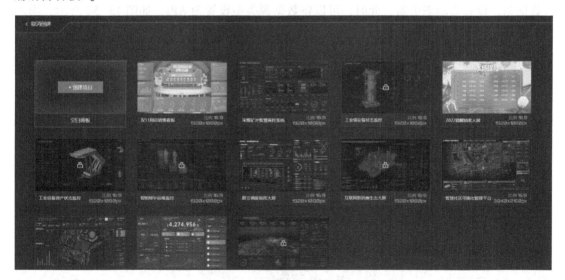

图 13-51　从模板创建可视化应用

（2）模板功能预览

进入可视化应用后，如图 13-52 所示，模板共计提供了三个组件：

1）右侧面板：即显示店铺粉丝量、店铺状态、直播弹幕的数据情况。

2）中间面板：展示店铺总销售额、销售额前三的商品与商品销售排行，同时显示粉丝增长趋势的实时折线图。

3）左侧面板：店铺数据概览、访问用户来源和流量变化趋势。

图 13-52　从模板创建的可视化应用界面

（3）数据源引用示例

以直播弹幕为例，单击数据界面，查看数据源，如图 13-53 所示，直播弹幕采用的是静态数据，在页面右下角可以查看到数据的相应结果。在实际应用中，直播弹幕需要引用其他数据源，设置为动态更新，此时，可以将数据源类型设置为 API，如图 13-54 所示，填入 API 的 URL，配置 Headers（可选），即可获取到动态数据源。

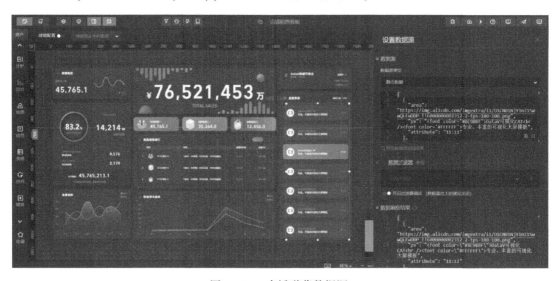

图 13-53　直播弹幕数据源

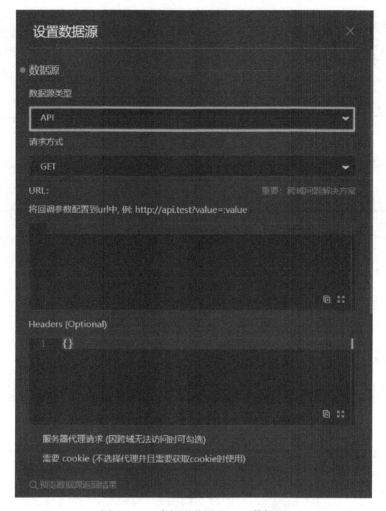

图 13-54　直播弹幕设置 API 数据源

（4）分析图操作示例

以粉丝增长趋势图为例，通过配置趋势图展示 DataV 图表的使用。双击粉丝增长趋势图，通过自拟数据或其他来源的数据来修改下方的折线图，模板中示例的折线图如图 13-55所示。折线图的绘制思路非常简单，注意三个字段的映射即可，x 字段代表时间，y 字段代表折线图的纵坐标。如图 13-56 所示，该完整折线图会显示进场、离场粉丝数随日期的分布变化。

（5）案例小结

我们通过从店铺销售数据可视化应用这一案例，首先能够体会到 DataV 提供的模板的强大，不需要用户自己花费大量精力去排版布局。在官方提供的模板的基础上，创建可视化应用，然后只需要根据用户需求连接到数据源，做好字段的映射再微调参数，即可得到用户想要的可视化结果。

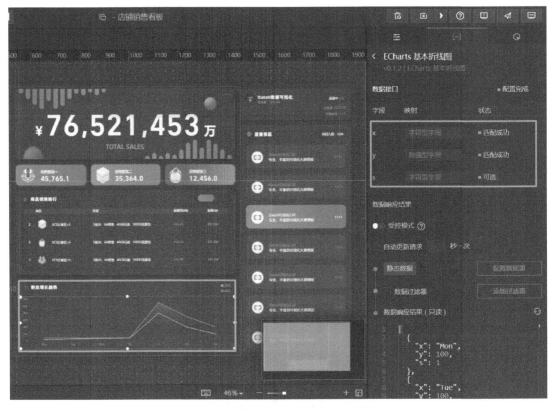

图 13-55　模板示例的粉丝增长趋势折线图

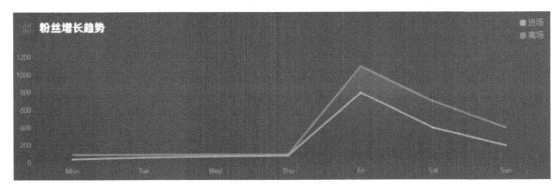

图 13-56　完整折线图

第 14 章
Tableau

Tableau 是一款可视化软件，在全球范围内都有广泛应用，是最早注重于数据可视化的软件之一。

14.1 Tableau 介绍

在 Tableau 官网，Tableau 对于自身的定位是能够帮助大家查看并理解数据的商业智能软件。Tableau 软件致力于帮助人们查看并理解数据，帮助任何人快速分析、可视化并分享信息。超过 42,000 家客户通过使用 Tableau 在办公室或随时随地快速获得结果。数以万计的用户使用 Tableau Public 在博客和网站中分享数据。

14.1.1 软件特点

Tableau 软件有六大特点，如图 14-1 所示。

图 14-1　Tableau 软件六大特点

（1）支持数据类型的任意性

如图 14-2 所示，Tableau 软件支持多种数据连接电子表格、数据库、Hadoop 和云服务，比如文件支持 Excel、TXT、JSON 等文件格式，最重要的还是 Tableau 软件支持很多类型的数据库和云服务，尤其是数据库除了支持 MySQL 这类主流 JDBC 数据库外，也支持各种各样其他类型的数据库。

（2）简单易用性

使用 Tableau 软件进行数据分析无需复杂的编程操作，最简单的方式就是直接通过拖放字段来进行分析或可视化操作，如图 14-3 所示，我们以 Tableau 软件自带的世界发展指标数据集为例，单击数据集便进入图 14-3 所示界面，比如我们需要直观地查看各个国家/地区的城市人口数，在左侧"数据"一栏选择字段，我们将"国家/地区"字段拖入行，将

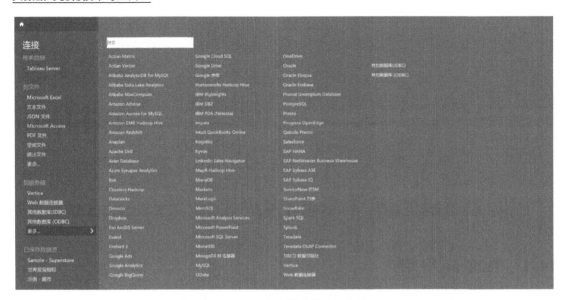

图 14-2　Tableau 软件支持数据源类型

"总和（城市人口）"字段拖入列，如图 14-4 所示。在界面右上方"智能推荐"选择合适的可视化图示，比如选择直方图，便可以即刻生成图 14-3 所示的各国城市人口的直方图，非常直观。

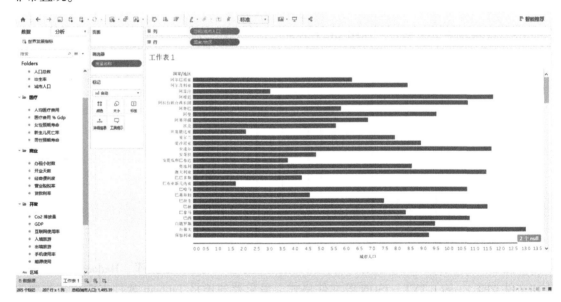

图 14-3　Tableau 软件易用性实例

（3）智能仪表板与瞬时共享

仪表板是为展示进行数据分析而创建的可视化组件的面板，即在面板上嵌入多个可视化的结果并且可以设置联动与页面交互关系，能集合多个数据视图以进行更深入丰富的数据分析，如图 14-5 所示是 Tableau 官网首页的公司绩效可视化案例，案例中的可视化仪表板将 100 家公司的公司增长明细表与直观反映各个公司增长的折线图整合在一起，并且设置了交互栏，通过与仪表板交互可以选择增长组以筛选查看某一特定部分公司，或者选择细分市场以查看各个公司在特定市场领域的增长情况。

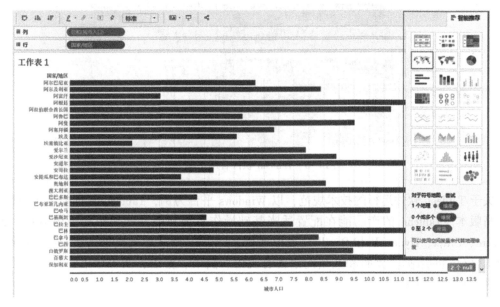

图 14-4　选择智能推荐的可视化图表类型

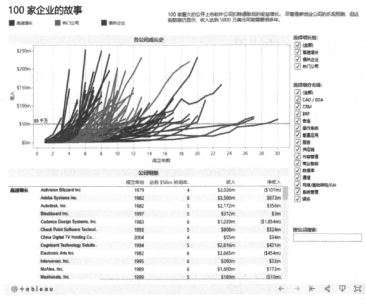

图 14-5　智能仪表板公司增长实例

14.1.2　软件下载与安装

如图 14-6 所示，在 Tableau 官方界面可以单击"免费试用 TABLEAU"按钮进行软件下载与安装，免费试用版可以输入电子邮箱以获得 15 天的试用期。如果选择购买激活，有个人版与团队版可供购买，但是需要注意的是由于 Tableau 软件在国内相对比较冷门，如果要购买软件的话只能使用 VISA、MasterCard、American Express 等信用卡以美金支付。

图 14-6　Tableau 软件官网下载界面

关于 Tableau 软件运行的技术规范，以 Windows 平台为例，Tableau 软件要求 Windows 7 或更高版本。Tableau 的产品能在配置适当基础操作系统和硬件的虚拟环境中运行，支持 VMWare、Citrix、Hyper-V 和 Parallels 虚拟环境。Tableau 产品系列支持 Unicode，并兼容用任何语言存储的数据。界面和文档的语言有英语、法语、德语、西班牙语、葡萄牙语、日语、韩语和简体中文。

14.2　案例：超市销售数据可视化分析

本节介绍 Tableau 在商务领域的一个应用案例。

14.2.1　Tableau Desktop 的使用

Tableau Desktop 即 14.1 节中介绍的在 Tableau 官网首页即可下载到的 Tableau 软件，安装完成后即可开始使用。进入软件后，主界面如图 14-7 所示，左边是连接数据栏，中间是历史创建的工作簿，如果已经创建过工作簿，可以直接在主界面处打开。

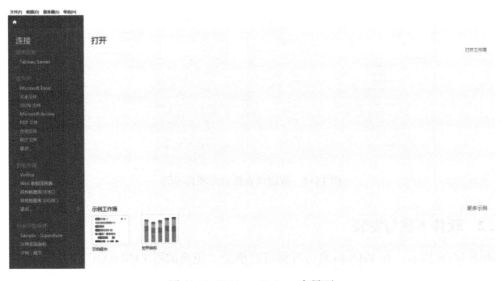

图 14-7　Tableau Desktop 主界面

1. 软件特点简介

关于 Tableau Desktop 软件的特点，参考官方网站在主页面的介绍可以总结为以下几点。

（1）快速获取易于理解的可视化结果

人类天生就能快速发现视觉图案，对于视觉图案呈现出来的信息更为敏感，Tableau Desktop 软件充分利用这种能力，揭示日常生活中的各种可以通过可视化呈现的结果，让软件用户尽情享受通过视觉获取到想要的信息时豁然开朗的喜悦。抛开图表构建器，无需复杂的编程语句操作，实时的可视化分析让用户实现随心所欲的数据探索。并且这类交互式仪表板帮助用户即时发现隐藏的见解。如图 14-8 所示，以美国部分城市天气趋势的仪表板为例，创建该仪表板最基本的操作就是将周（日期）字段拖入列，将平均降雨量、风速、每小时的气温三个字段拖入行，选择折线图就能查看从降雨量、风速和气温三个角度反映的天气变化趋势。通过进一步的细化，比如用颜色区分白天和夜晚，在城市处设置过滤以查看某个城市的天气趋势，也可以将鼠标指针放在折线图上的具体某一点，以查看某个时间点的天气数据，这样就很轻松地构建了一个可交互的天气趋势仪表板。

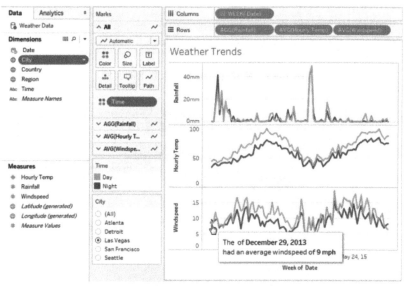

图 14-8　美国部分城市天气趋势仪表板

（2）连接更多数据

Tableau Desktop 软件支持连接本地或云端数据——无论是大数据、SQL 数据库、电子表格，还是 Google Analytics 和 Salesforce 等云应用，全都支持。无需编写代码，即可访问和合并异构数据。高级用户可以透视、拆分和管理元数据，以此优化数据源。Tableau Desktop 软件能够让数据发挥出更大价值，如图 14-9 所示是一个从管理数据库导入数据的例子。

（3）对数据进行更加深入的分析

出色的数据分析需要的不仅仅是好看的仪表板。借助 Tableau Desktop 软件，可以使用现有数据快速构建强大的计算字段，以拖放方式操控参考线和预测结果，还可以查看统计概要。可以利用趋势分析、回归和相关性来证明自己的观点，用屡试不爽的方法让人们真正理解统计数据。此外，还可以提出新问题、发现趋势、识别机会，信心十足地制定数据驱动型决策，如图 14-10 所示。例如对于销售额与利润的散点图关系，可以在分析一栏处选中趋势图线，可以选择进行线性回归、对数回归、指数回归以及多项式回归，这里散点图反映出来的线性关系更为明显，则选择线性回归，如图 14-11 便可以得出线性回归分析趋势的可视化结果。

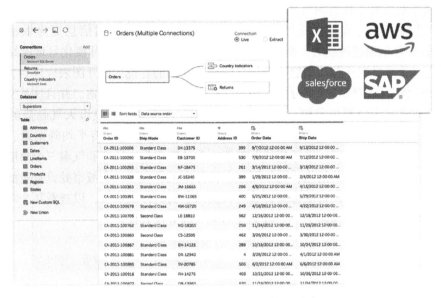

图 14-9　从管理数据库导入数据的实例

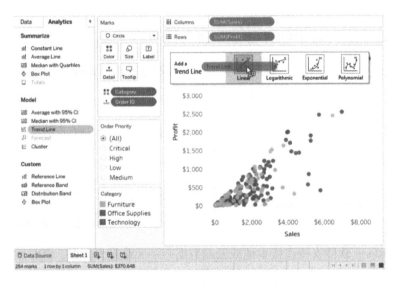

图 14-10　选择合适的回归方式

（4）以地图的形式直观呈现自己的数据

Tableau Desktop 不仅可以找出具体地点，还可以洞悉原因。在 Tableau Desktop 中可以自动创建交互式地图。产品中内置了邮政编码，软件能够快速绘制全球 50 多个国家/地区的地图。还可以使用自定义的地理编码和地区来创建个性化区域，例如销售区。Tableau 软件系列的开发者精心设计了 Tableau 地图，为了让使用者导入的数据一目了然地呈现出来，如图 14-12 所示用 Tableau 地图分析非洲不同气候区域的谷物产量，将经纬度字段作为行列即可生成世界地图，再将气候区域用颜色标记，将谷物产量数据字段拖入细节选项，之后与可视化地图进行交互时，将鼠标指针移动到地图上某点即可查看相应数据。

206

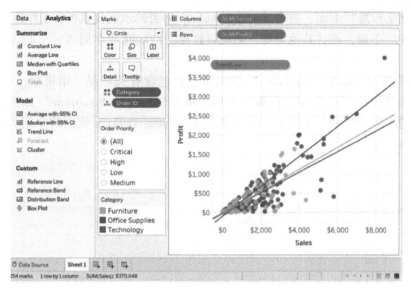

图 14-11　选择线性回归后销售额与利润关系

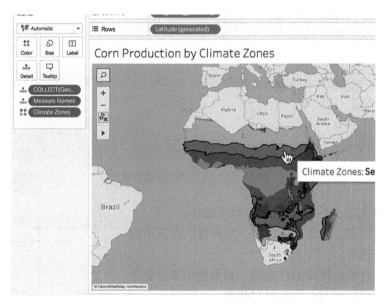

图 14-12　非洲不同气候区域谷物产量图

2. 连接到数据

在"连接"下面，用户可以：

- 连接到存储在文件（例如 Microsoft Excel、PDF、空间文件等）中的数据。
- 连接到存储在服务器（例如 Tableau Server、Microsoft SQL Server、Google Analytics 等）上的数据。
- 连接到之前已连接到的数据源。

Tableau 支持连接到存储在各个地方的各种数据的功能。"连接"窗格列出了用户可能想要连接到的最常见地方，或者单击"更多"链接以查看更多选项。

在"打开"下面，用户可以打开已经创建的工作簿。

在"示例工作簿"下面，查看 Tableau Desktop 附带的示例仪表板和工作簿。

在"发现"下面，查找其他资源，如视频教程、论坛或"本周 Viz"，以了解可以生成的内容。

Tableau 附带"Sample-Superstore"数据集。它包含有关产品、销售额、利润等信息。在"连接"窗格中的"已保存数据源"下面，单击"Sample-Superstore"以连接到示例数据集。用户的屏幕如图 14-13 所示，接下来关于 Tableau Desktop 使用的介绍大部分会基于该示例数据集。

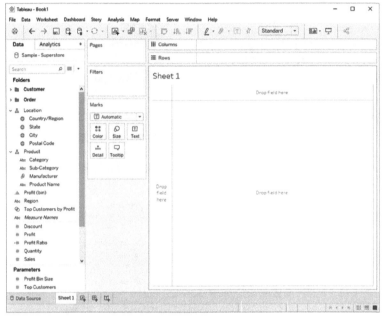

图 14-13　连接到示例数据集

连接到数据之后，Tableau 将执行以下操作：

- 打开新工作表。这是一块白板，用户可以在其中创建第一个视图。
- 显示软件目前连接到的数据源。如果使用多个数据源，用户可以看到它们都列在此处。
- 将数据源中的列添加到左边的"数据"窗格中。列会添加为字段。
- 将数据类型（如日期、数字、字符串等）和角色（维度或度量）自动分配给用户导入的数据，如图 14-14 所示。

3. 使用 Tableau 软件拖放字段可视化

如图 14-14 所示，比如 Order Date（订单日期）这类字段适用于列的维度，如图 14-15 所示，Order Date（订单日期）作为折线图的横坐标，而像 Sales（销售额）、Profit（获利）等适合用于行的维度，作为纵坐标。

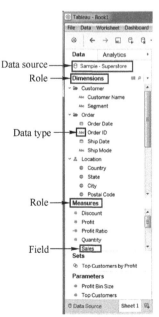

图 14-14　软件自动给数据
分配类型和角色

图 14-15　年度销售额折线图

图 14-15 就展示了制作年度销售额折线图的过程，将字段分别拖入列功能区和行功能区，软件自动智能推荐画成折线图，也可以如图 14-16 所示手动调整图表的类型，除了折线图，也可以选择条形图、饼图等图表类型。假如对于该数据集，我们要进一步分析该商场每一年具体到某一类商品的销售额，可以在行维度再添加 Category（分类）字段，将图表类型变更为条形图，就能得到如图 14-17 所示的结果，相对更加直观。

　　如图 14-17 所示，Tableau 会使用累计（聚合）为总和的销售额生成以下图表。您可以按订单日期查看每年的总聚合销售额，即将鼠标指针移动至折线图上查看对应年份的销售额，或者若要将数据点信息作为标签添加到用户创建的视图中，单击工具栏上的"显示标记标签"，结果如图 14-18 所示，就能直观显示每年每类商品的销售额。

　　关于视图的透视效果还有其他可以调整的效果，比如对于条形图等允许交换行列显示，或者设置组内排序，例如图 14-19 的条形图就可以设置以年份为组别，每组内按不同商品类别的销售额进行排序，如图 14-20 所示就是进行条形图行列交换并选择升序排序

图 14-16　在标记栏选择图表类型

的结果，非常直观地反映出商场每年的销售额总体趋势是 Technology（科技产品）高于 Furniture（家具）高于 Office Supplies（办公用品）。

4. 使用筛选器和颜色添加细化视图

　　之前创建了按类别和子类细分的产品销售额的视图。但是 Superstore 数据集含有要进行分类的大量数据，需要能够轻松地找到感兴趣的数据点并重点关注特定结果。Tableau 具有一些非常适合做这项工作的选项，比如利用筛选器和颜色，软件用户可以更多地去关注那些

图 14-17　每一类商品年销售额条形图

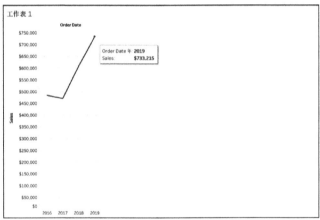

图 14-18　查看销售额详细数据

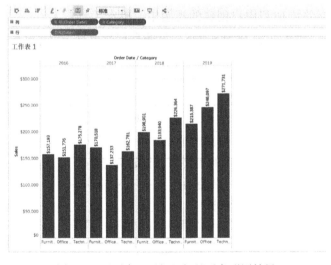

图 14-19　开启显示标记标签后条形图结果

感兴趣的详细信息。在增加对数据的重点关注后，用户可以开始使用其他 Tableau Desktop 功能与该数据进行交互。

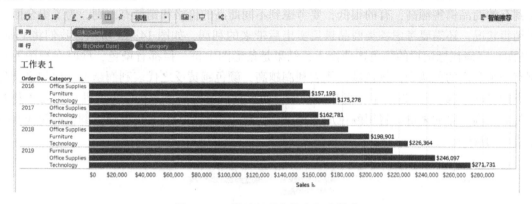

图 14-20   设置行列交换和组内排序

（1）将筛选器添加到视图中

用户可以使用筛选器在视图中包含或排除值。在本示例中，接下来将两个简单的筛选器添加到工作表中，以便能够更轻松地按子类查看特定年度的产品销售额。如图 14-21 所示，对 Order Date 设置年份的筛选，在"数据"窗格中的"维度"下面，右键单击"Order Date"（订单日期），并选择"显示筛选器"，比如不查看 2016 年的数据，则在界面右端的筛选器中不勾选 2016。

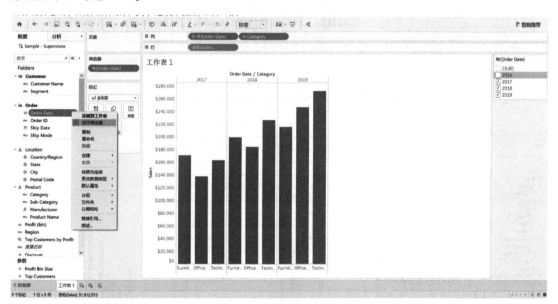

图 14-21   设置年份筛选器

筛选器将按照用户选择它们的顺序添加到视图的右侧。筛选器是卡类型，并且通过单击筛选器将其拖到视图中的另一个位置在画布上移动筛选器。拖动筛选器时，将会出现一条深黑色的线，显示用户可拖动筛选器将其移动到的位置。

（2）将颜色添加至视图

接下来将以各个具体的销售产品小分类的利润情况为例，讲解如何将颜色引入视图，在基于按 Category 分类的基础上，再往列维度引入 Sub-Category 字段显示家具、办公用品和科技产品更往下细分的产品销售额，如图 14-22 所示。在对销售额进行分析的同时，我们注意到有的商品销售额高，有的很低，要考虑到不同商品的价格和销量有差别。为了更全面分析销售状况，还需要考虑各类商品最后卖出后带来的利润，如图 14-23 所示，我们将 Profit（利润）字段往标记栏的颜色选项拖入，结果是条形图中每一栏都有染色，同时在视图的右侧有一个利润的色调表，颜色越蓝代表利润越高，颜色越黄反之代表利润越低，比如家具分类下的 Table（桌子）近几年一直在高亏损，而科技产品分类下 Phone（手机）近几年利润都相对更高。总的来讲，将用颜色加入视图后，对每类产品的利润情况通过颜色的深浅有一个直观的反映。

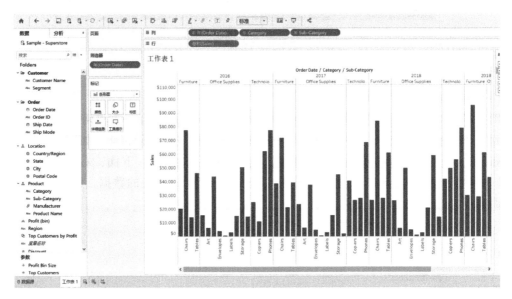

图 14-22　引入 Sub-Category 的商品分类细分

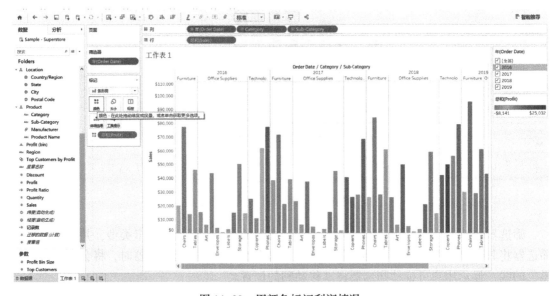

图 14-23　用颜色标记利润情况

5. 通过地理方式浏览您的数据

在之前的例子中，查看完产品销售额和盈利能力之后，接下来如果想按区域来研究商品的销售趋势，由于要查看地理数据（"区域"字段），因此用户可以选择生成地图视图。地图视图非常适用于显示和分析这种信息。对于此示例，Tableau 已经为"国家/地区""州/省/市/自治区""城市"和"邮政编码"字段分配了适当的地理角色。这是因为软件智能地认识到这些字段中的每个字段都包含地理数据。用户可以开始并立即创建地图视图。

如图 14-24 所示，用户将经纬度分别拖入列和行的维度，即可生成一个世界地图。

Superstore 数据集是基于美国各州的某产品销售情况，把 Country/Region（国家/地区）字

图 14-24　拖入经纬度字段生成的地图

段和 State（州）字段拖入详细信息字段，如图 14-25 所示，即会在地图上标注出美国各州，如果我们要查看各州的销售额情况，即可将 Sales（销售额）字段拖入标记栏下的颜色区域，得到的结果如图 14-26 所示，可以看出颜色的深浅代表销售额的多少，直观得出加利福尼亚州的销售额最多，而美国东部地区的平均颜色相比西部地区要深，说明东部地区平均销售额更多。

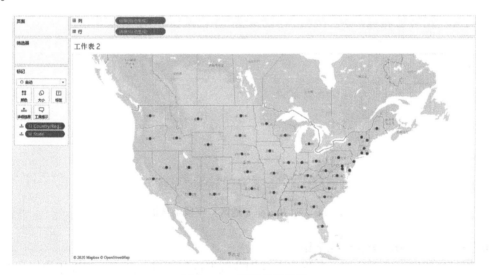

图 14-25　标记美国各州

当然也可以在地图视图中结合筛选器使用，例如数据集的 Region（地区）字段将美国分为东部地区、西部地区、南部地区和中部地区，从图 14-26 可以看出，除了少数销售额较多的州，其他各州的颜色深浅差别并不明显，可以选择查看具体某一个地区的销售额情况以获得更详细的信息，我们于是将 Region（地区）字段拖入筛选器，如图 14-27 所示，可以勾选以选择要查看的地区，以选择 East（东部地区）为例，筛选器使用结果如图 14-28

所示，从东部地区销售额图可以看出纽约州的销售额最多。

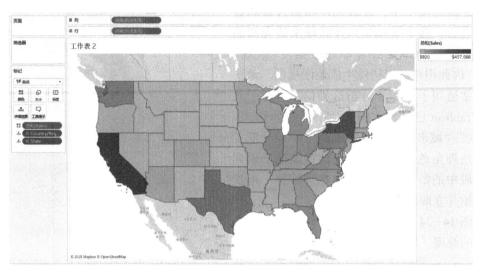

图 14-26　美国各州销售额情况

图 14-27　Region（地区）字段筛选器

6. 在 Tableau Desktop 实现下钻

数据下钻能够有助于从汇总数据深入到细节数据进行观察，还可以帮助用户增加新的维度去进行观察。如图 14-29 所示，如果研究东部地区的利润情况，会发现俄亥俄州和宾夕法尼亚州的利润是负数（在亏损），此时我们需要进行下钻，具体研究这两个州商场利润亏损的具体情况。

此时我们复制一个工作表，在"智能推荐"里将图表类型改为条形图，如图 14-30 所示，Tableau Desktop 软件会自动根据之前筛选器与颜色的设置更改行列维度的字段，我们此时只需要研究利润为负的两个州，则如图 14-31 所示用鼠标选区选中这两个州，右键单击选择"只保留"选项。

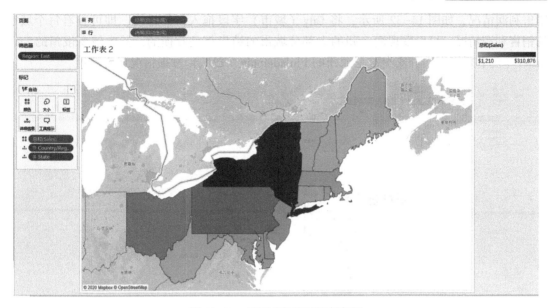

图 14-28　美国东部地区销售额图

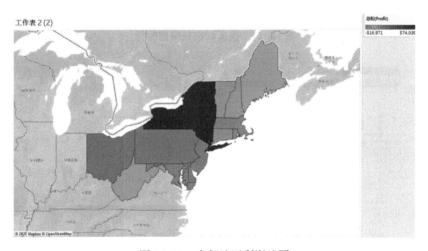

图 14-29　东部地区利润地图

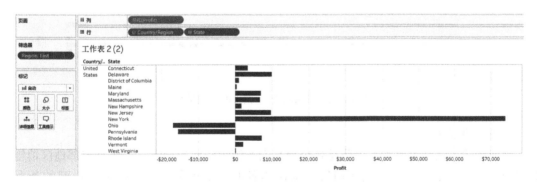

图 14-30　根据智能推荐更改为条形图

接下来，为了进一步下钻分析这两个州亏损的原因，决定往下查看这两个州每个城市的销售利润情况，如图 14-32 所示，将 City（城市）字段拖入行的维度，即可查看每个城市的销售利润情况，可以发现两个州的大部分城市的销售都是亏损的，其中俄亥俄州的 Lancaster（兰卡斯特市）和宾夕法尼亚州的 Philadelphia（费城）亏损情况最为严重。

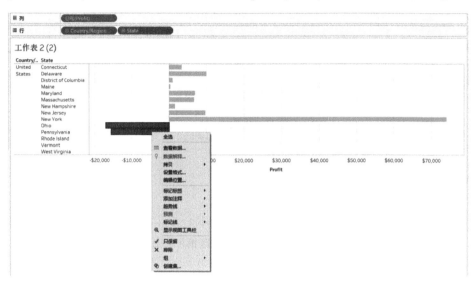

图 14-31　选区筛选只保留的行

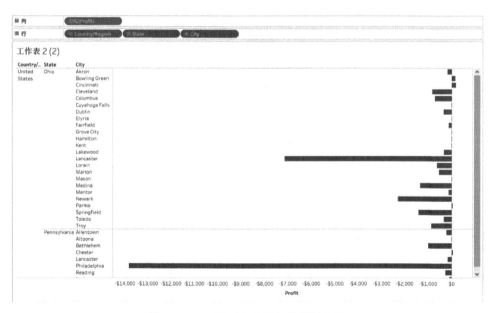

图 14-32　下钻至各个城市的利润情况

7. 创建仪表板

之前创建了三张工作表，一张是各个商品门类销售利润条形图，一张是东部地区销售利润地图，还有一张是对东部地区销售亏损两州各城市销售利润情况的下钻得到的条形图（见图 14-23、图 14-30 和图 14-32）。如果在实际的报告中，业务人员需要就这三张表说明东部地区有两州存在亏损情况，然后分析这两州的各个商品细类销售的利润情况，再接着分析这两州哪些城市亏损最为严重，这三者存在一个往下钻的逻辑关系，如果能将三张表整合到一个界面内进行可视化，就能够使得分析更加直观。

而 Tableau Desktop 软件具有适合做这项工作的应用程序，或者至少具有一个工作表：它叫作仪表板。用户可以使用仪表板同时显示多个工作表，如果需要，可以让它们彼此进行交互。

（1）设置仪表板

如图 14-33 所示，在界面下方单击新建操作的第二个按钮，新建仪表板，新建完成后，在界面左侧对仪表板格式进行设置，可以根据在实际报告中展示仪表板所用的桌面大小（如笔记本电脑的屏幕大小、通用桌面大小等）设置仪表板的大小。大小设置正下方是可供拖入仪表板的工作表，均是我们之前在演示 Tableau Desktop 使用时基于 Superstore 数据集创建的工作表，单击即可将其拖入右方的仪表板。除了拖入工作表以外，也可以在其正下方的对象设置内插入文本、图像等自定义对象，以完善仪表板的排版与美观，如图 14-34 所示。

图 14-34　仪表板各项设置

图 14-33　新建仪表板

（2）排列仪表板

如图 14-35 所示，将界面左侧的三张工作表拖入右边的仪表板工作区内，便得到这样一个仪表板，但是很明显这个仪表板的排版十分混乱，并且业务人员希望通过一个逻辑顺序进行讲解，先讲解仪表板左上角的东部地区利润地图，再分析右边亏损的两个州各类商品的利润情况，最后在下方进行下钻的讲解，分析这两个州哪些城市亏损最为严重。这就需要对仪表板进行重新排列，如图 14-36 所示，选中要排列移动的工作表，会显示一个边框，拖动边框即可以实现移动或者缩放工作表，调整排版后仪表板如图 14-37 所示。

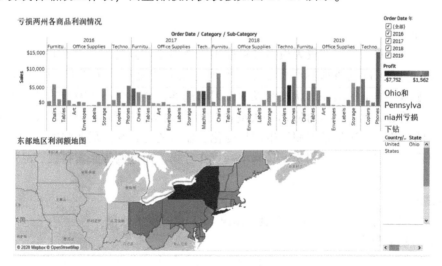

图 14-35　创建的原始仪表板

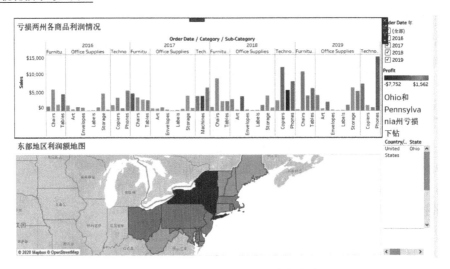

图 14-36　对工作表进行缩放或移动

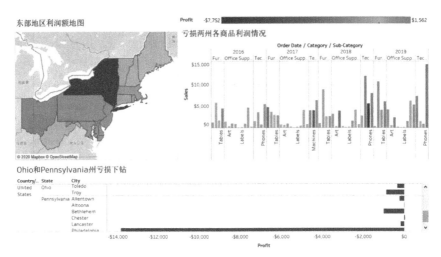

图 14-37　仪表板调整排版后展示

（3）添加交互功能

在本案例中，我们将以在仪表板内设置使用筛选器来实现通过单击地图的具体某个州，进而使右方的利润情况的条形图产生变化，实现与仪表板交互。如图 14-38 所示，单击东部地区利润地图边框上的漏斗形状按钮设置使用筛选器，此时单击地图上的某一个州，右边的条形图也会随之变化，显示对应州各类商品的利润数据，如图 14-39 所示，比如单击宾夕法尼亚州的区块，右边的条形图发生明显变化，显示的是宾夕法尼亚州的数据，从右边的条形图可以看出，宾夕法尼亚州卖家具基本一直在亏损，而近两年来卖科技产品虽然销售额相对更高，但是亏损程度也在增大。

8. 创建故事

Tableau 的故事创建功能可以方便地制作出 PPT 式的展示效果。

（1）故事功能简介

前面一节讲解到 Tableau Desktop 软件可以创建将各个工作表组件整合到一张仪表板上，而比仪表板更进一步的是，Tableau Desktop 提供了故事创作功能，比较类似于 Power Point，

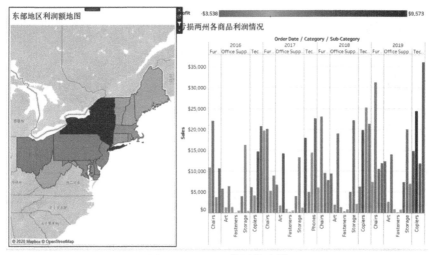

图 14-38　设置使用筛选器

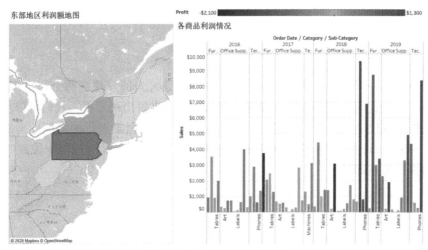

图 14-39　仪表板交互实例

故事功能中设置每一个故事点就如同 PPT 中设置幻灯片，而每一个故事点都支持拖入工作表甚至创建好的仪表板，如果业务人员不希望在实际报告的时候再花费大量时间制作 PPT，可以选择使用 Tableau Desktop 软件创建故事进行演示，并且可以通过设置联动和自定义图片文字等对象，从而达到不输 PPT 的展示效果。在 Tableau Desktop 软件内部进行展示与工作表和仪表板的可交互性，是使用其创建故事进行演示的一大优势。

（2）创建故事

在界面下方选中新建故事，界面如图 14-40 所示，中间的空白部分可以通过将左边区域的工作表或者仪表板拖入以添加内容。接着在新建故事点界面中通过新建或者复制故事点，进行类似 PPT 新建幻灯片的操作，以拖入更多的工作表或仪表板。类似于仪表板创建的过程，故事的创建也支持自定义插入文字，在界面左下方拖动以添加文本，或者根据屏幕大小适应来调整故事点的大小。

（3）通过故事总结介绍案例

在 14.2 节对 Tableau Desktop 软件的介绍中，我们最开始从最为浅显的商场近四年来销售额的变化分析，然后开始分析利润，再细分到各个商品分类的销售利润，再之后通过地图

219

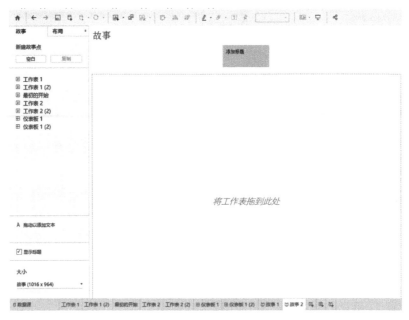

图 14-40　新建故事

结合利润颜色设置分析各州的销售利润情况，以东部地区为例发现有两个州出现较大亏损，便继续下钻，分析这两个州哪些城市或哪些商品类型的出售出现亏损。我们可以将这一过程所建立的工作表或仪表板整合，创建一个基于 SuperStore 数据集进行的案例分析故事，预览如图 14-41 所示，如果是展示这个案例的业务人员，只需要在展示过程中像放映幻灯片一般按顺序切换故事点即可。

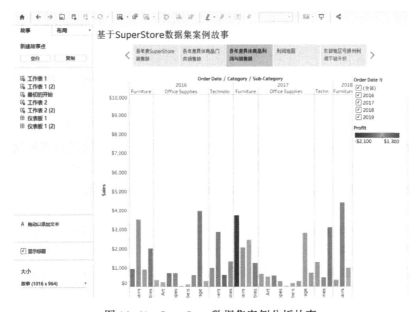

图 14-41　SuperStore 数据集案例分析故事

14. 2. 2　Tableau Server 的使用

本小节介绍 Tableau Server 及其使用方法。

1. 软件简介

Tableau 软件是旨在帮助任何人查看并理解其数据的一系列分析工具。利用 Tableau，用户可以根据数据进行提问、查找答案以及分享见解。之前在 14.2 节介绍的 Tableau Desktop 是可视化的探讨与分析应用程序，而用户也可以使用 Tableau Server 或 Tableau Online 在 Web 上进行协作。

关于 Tableau Online 与 Tableau Server 的区别，是用户可以帮助团队、部门或组织领会数据和分析，而不必采取 Tableau Server 本地安装。通过让 Tableau 为用户管理 Tableau Online，在前期以及从长远来看，用户可以为自己节省大量维护 Tableau Server 而产生的工作。Tableau Online 是 Tableau 托管的云解决方案。它执行 Tableau Server 的工作，但是用户不必在您自己的硬件上安装任何内容。用户只需要创建一个 Tableau Online 账户并在线托管用户的工作簿和数据源，不用购买和设置服务器，不用集成网络，也不用下载驱动程序以及安装更新。在 Tableau Online 内部发布、共享和编辑工作簿，与使用 Tableau Server 进行操作完全相同。如果用户对生成和共享分析感兴趣，并且想永远不必考虑底层基础结构，那么 Tableau Online 可能是用户的最佳选择，Tableau Online 的使用是完全免费的。

如果作为专业用户，那么为什么要安装 Tableau Server 呢？以下是在本地安装 Tableau Server 的一些原因：

1）控制。Tableau 的大多数客户最关注的是控制和合规性。例如，行业特定法规可能要求进行本地部署。通过在本地安装 Tableau Server，用户可以进行合规性审计，并保证实际控制 Tableau Server 包含的内容和数据。

2）来宾用户访问。根据用户的许可证，本地安装允许用户配置服务器，以便人员可以查看嵌入式视图，而无需向服务器进行身份验证（我们将此称为"来宾用户"）。这非常适合具有少数作者和发布者，但有很多只需要服务器查看访问权限的用户的组织。此功能能够驱动 Tableau Public，世界上的任何人都可以在其中查看 Tableau 可视化结果。

3）内部实时数据源连接。为了连接到可能在用户的组织内部运行的许多的不同数据源，Tableau Server 进行了优化。虽然 Tableau Online 支持大量云数据源的实时连接，但它对组织内数据源的实时连接提供的支持有限。如果用户的业务需要实时查询内部数据，则 Tableau Server 是适合用户的更佳替代方案。

4）Active Directory 集成。Tableau Server 与 Windows Active Directory 用户和组集成。用户也可以使用 Kerberos 身份验证实现流行关系型数据库（如 Microsoft SQL Server）单点登录和无缝连接。

除了选择在本地安装以外，还有另一种选项：用户可以在云服务中安装某个 Tableau Server 版本，如 Amazon Web Services、Google Cloud Services 或 Microsoft Azure，关于在云服务中如何安装 Tableau Server 可以参考官方支持。

2. 软件安装

如图 14-42 所示，在 Tableau Server 官方界面可以单击下载来免费试用或在右上角单击购买。

软件下载安装成功后，在本地运行的 Tableau Server 运行界面如图 14-43 所示。

221

图 14-42　Tableau Server 下载界面

图 14-43　Tableau Server 本地运行界面

3. 软件特点与使用

在 Tableau Server 软件中创建可视化图表组件或仪表板等组件，与在 Tableau Desktop 软件中的方法基本一致，在本节中会更加强调 Tableau Server 软件的可管控性、安全性和更为智能的数据解释。

（1）可管控性

Tableau Server 可帮助整个组织充分利用数据价值。让用户所在组织或公司能够在可信环境中自由探索数据，不受限于预定义的问题、向导或图表类型。再不用担心自己的数据和分析是否受到管控、是否安全、是否准确。IT 组织青睐 Tableau，因为它部署轻松、集成稳定、扩展简单、可靠性高。为业务人员提供更多功能和保护数据不再是相互冲突的选择。管控不再是从业务的灵活性和有用性，以及与紧密的 IT 控制中二选一。现在，IT 和业务用户可以共同确定一个管控模式，既能为每个人提供支持，又能够保证数据质量、内容安全性和一致性。适当的管控可保护用户的数据，同时还可以鼓励用户所在组织广泛采用分析，从而使业务用户轻松访问相关资源，以探索和发现隐藏的见解。

一个很重要的管控思想的体现便是创建内容项目、组和权限的结构，组、项目和权限是内容管理的核心。如果 Tableau 作者想要在 Tableau Server 上共享其数据源和报表（内容），他们需要知道应在何处发布该内容，以便要与他们共享内容的用户可以轻松地找到内容。若要在 Tableau Server 上发布或查看内容，用户必须登录到服务器。登录之后，每个用户都必须具有处理内容的权限。为此 Tableau 管理员必须在设置服务器的过程中，构建可满足以下目标的内容管理框架：

- 使权限模型可预测并可随着 Tableau 社区的增长扩展。
- 帮助用户自行操作。

为了设置成功的 Tableau Server 内容环境，用户将协调以下几项事物。

1）组：需要相同类型内容访问权限的用户的集合。Tableau Server 软件建议管理员将用户分组。然后，管理员可以在组级别设置权限，以将一组功能应用于组中的所有用户。有新的 Tableau 用户时，只需将用户添加到可为其提供所需权限的组。

2）项目：工作簿和数据源的容器，其中每个容器通常都代表一个内容类别。项目可以很好地帮助用户自行完成操作。管理员可以设置项目，让项目名称清楚地指明其所容纳内容的类型，并且每个用户都只能在完整项目列表中看到他们需要处理的项目。

3）权限：功能的集合，用于定义谁能够处理什么内容。

接下来将演示如何在 Tableau Server 中管理组、项目与权限。

（2）对项目进行权限管理

如图 14-44 所示，Tableau Server 中的每个站点都有一个"默认"（default）项目。默认项目旨在作为站点中新项目的模板，用于创建一组默认权限。

图 14-44 "默认"项目

以管理员身份登录到 Tableau Server 时，选择页面顶部的"内容"菜单，然后选择"项目"。

打开"默认"项目的权限。在"操作"菜单（…）上，选择"权限"，如图 14-44 所示。

在"所有用户"（默认组）旁边，选择"…"按钮，然后选择"编辑"，如图 14-45 所示，之后就可以在右方设置用户访问项目、工作簿和数据源的权限。

（3）项目创建

下面尝试创建一个最简单的项目，如图 14-46 所示，背景是为假设的"营销"部门创建新项目，步骤如下：

图 14-45 选择"编辑"

图 14-46 创建新项目

1）在页面顶部的菜单中，单击"项目"（Project），然后单击"新建项目"（New Pro-ject）。

2）将项目命名为"Marketing"（营销），然后单击"创建"（Create）。

（4）创建组

接下来，管理员将为这些用户创建两个组。这些组允许管理员根据用户在"营销"项目中需要执行的操作向用户分配权限。下面是管理员将创建的组：

- 营销-内容开发人员：此组适用于能够发布、编辑和管理工作簿以及连接到数据源的用户。
- 营销-内容 Viewer（查看者）：此组适用的用户能够查看项目中的内容并有时与之交互，但无法发布或保存任何内容。

具体步骤如下。

1）在页面顶部的菜单中，选择"组"（Group）。

2）单击"新建组"（New Group），然后将此组命名为"市场营销-内容开发人员"。

3）重复这些步骤以创建其他组。完成后，管理员的组列表看起来将与图 14-47 中的列表类似。

（5）创建用户角色

再接下来，关于用户的注册，通常按照<名称>→<项目角色>→<站点角色>来进行设定，比如我们要创建一个用户，名为 Ashley，项目角色为内容开发人员，站点角色为 Creator，步骤如下：

1）在页面顶部的菜单中，选择"用户"。

2）单击"添加用户"。

3）单击"本地用户"，如图 14-48 所示，然后输入 Ashley 的用户详细信息。对于"显示名称"，请使用详细名称，对于"用户名"，请输入 Ashley。跳过"电子邮件"，并设置 Ashley 的站点角色。

图 14-47　创建组　　　　　　　图 14-48　创建新用户

按照类似的步骤多创建几个用户，最后可以得到如图 14-49 所示的结果，展示名采用的是<名称>→<项目角色>→<站点角色>方式，便于使用者查看用户的名字、项目角色和站点角色。

（6）向组内添加用户

设置了组并向服务器添加了用户后，管理员可以将用户添加到之前创建的组内。其具体步骤如下：

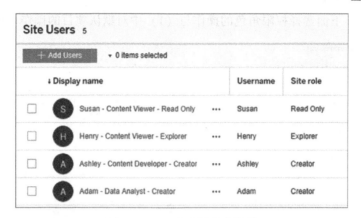

图 14-49　用户注册完成结果

1）如图 14-50 所示，在页面顶部的菜单中，单击"用户"（Users）。

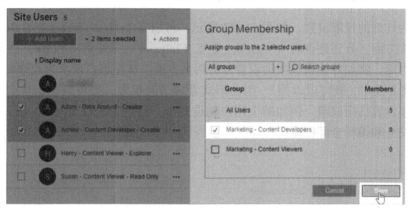

图 14-50　将用户添加进组

2）选择 Adam 和 Ashley，然后在"操作"（Actions）菜单中（…），单击"组成员资格"（Group Membership）。

3）选择"市场营销-内容开发人员"（Marketing-Content Developers），然后单击"保存"（Save）。

（7）在项目级别为组分配权限

之前（1）中在默认项目中分配权限，现在我们将在营销项目中分配权限，接下来将不给单个用户分配权限，用户将从其所在的组中获取其权限。

在 Tableau Server 中，转到"内容"→"项目"。

在"营销"项目上，如图 14-51 所示，打开"操作"菜单（…），然后选择"权限"（Permissions）。

如图 14-52 所示，单击"添加用户或组规则"（Add a user or group rule），然后选择"市场营销-内容开发人员"组（Marketing-Content Developers），之后在"项目""工作

图 14-51　营销项目权限设置

簿"和"数据源"下面选择权限角色的操作与（1）中对默认项目的操作一致。

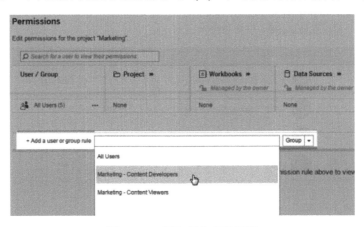

图 14-52　添加用户或组规则

关于更为详细的权限设置，如图 14-53 所示，可以在 Tableau Server 软件内设置访问许可，分为三大方面，分别是查看（View）、交互（Interact）与编辑（Edit），这三大方面又细分为多个方面。例如对编辑权限的设置分为两大方面，从左到右依次为删除和保存，在图 14-53 的示例界面中，既可以以用户/组的形式管理访问权限，也可以根据单个用户的职位或角色定位来设置访问权限。例如单个用户的设置中，角色为管理员（Administrator）的就拥有查看、交互和编辑全部权限。

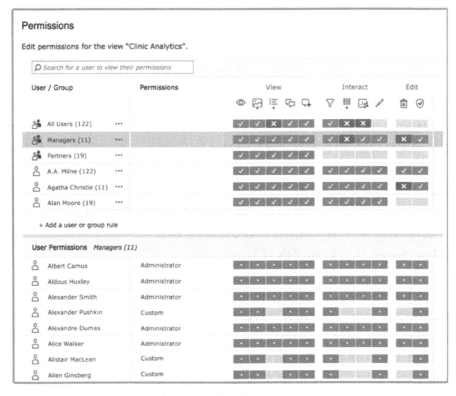

图 14-53　访问许可权限设置

4. 数据源的多样性

Tableau Server 能够安全连接到本地或云端的任何数据源。以实时连接或加密数据提取的形式发布和分享数据源，让每个人都可以使用用户的数据。其兼容热门的企业数据源，如 Cloudera Hadoop、Oracle、AWS Redshift、多维数据集、TeradatA、Microsoft SQL Server 等。借助 Web 数据连接器和 API，用户还可以访问数百种其他数据源。Tableau Server 与 Tableau Desktop 同属 Tableau 系列软件，支持的数据源基本一致，如图 14-2 所示。

5. 安全性

无论使用的是 Active Directory、Kerberos、OAuth 还是其他标准，Tableau 都可与用户的现有安全协议无缝集成，管理用户级别和组级别的身份验证，采用传递式数据连接权限和行级筛选，维护数据库的安全。利用多租户选项和细粒度的权限控制，保证用户和内容的安全。详细的安全性介绍如下。

1）身份验证：Tableau Server 支持行业标准身份验证，包括 Active Directory、Kerberos、OpenId Connect、SAML、受信任票证和证书。Tableau Server 还具备自己的内置用户身份服务 "本地身份验证"。Tableau Server 会为系统中的每位指定用户创建并维护一个账户，该账户在多个会话间保留，实现一致的个人化体验。此外，作者和发布者可在其发布的视图中使用服务器范围的身份信息，以控制其他用户可以查看和下载哪些数据。

2）授权：Tableau Server 角色和权限为管理员提供细化控制，以便控制用户可以访问哪些数据、内容和对象，以及用户或群组可对该内容执行什么操作。管理员还可以控制谁能添加注释，谁能保存工作簿，谁能连接到特定数据源。凭借群组权限，管理员可以一次性管理多名用户。也可在工作簿中处理用户和群组角色，以便筛选和控制仪表板中的数据。这意味着，管理员只需为所有区域、客户或团队维护单个仪表板，而每个区域、客户或团队只会看到各自的数据。

3）数据安全：无论是银行、学校、医院还是政府机构，都承担不起因丧失数据资产控制权而带来的风险。Tableau 提供了许多选项来帮助实现安全目标。您可以选择仅基于数据库身份验证来实现安全性，或者仅在 Tableau 中实现安全性，还可以选择混合安全模型，其中 Tableau Server 内的用户信息对应于基础数据库中的数据元素。Tableau Online 加强了现有的数据安全策略，并符合 SOX、SOC 和 ISAE 行业合规标准。

4）网络安全设备有助于防止不受信任的网络和 Internet 访问您的 Tableau Server 本地部署。当对 Tableau Server 的访问不受限制时，传输安全性就变得更为重要。Tableau Server 使用 SSL/TLS 的强大安全功能，对从客户端到 Tableau Server，还有从 Tableau Server 到数据库的传输进行加密。Tableau 可帮助您保护来自外部的数据、用户和内容。

6. 数据解释

利用 AI 的强大功能，只需单击一下即可解释数据点。"数据解释"（Explain Data）基于高级统计模型，可以帮助用户发现更多尚未被发现的见解，比如可提供一系列具有侧重性的解释，使用户避免花费时间寻找不存在的答案，并且在常规趋势的基础上进一步深入，获取目标问题的答案。"数据解释"针对您感兴趣的特定数据点，以 Tableau 可视化形式提供具有侧重性的交互式解释。无需离开分析工作流，即可深入获取相关解释。

关于其具体使用方法，如图 14-54 所示，在工作簿中，比如这个条状图，选中某个月份的数据，选中灯泡图表即可进入数据解释模式，"数据解释"会自动针对所选值提供由 AI 驱动的解释。此功能会在后台检查数百个可能的解释，并呈现可能性最大的那些解释。

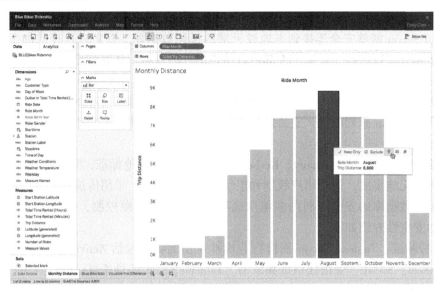

图 14-54   启用数据解释模式

这个工作簿是分析这一年波士顿名为 BLUEbikes 品牌的共享单车的总里程数情况，8 月份共享单车的总里程数最高，我们尝试使用 Tableau Server 提供的数据解释功能尝试解释为什么是 8 月份总里程数最高的原因，数据解释给出了三种可能的解释。第一种解释是天气的分布决定了 8 月份的值很高，如图 14-55 所示，第二种解释是 8 月份共享单车的使用记录数最多，也就是使用共享单车的人次数最多，如图 14-56 所示，第三种解释是 8 月份中，出现单次骑行超过 6km 的极端值的次数多，从而拉高了总里程数，如图 14-57 所示。综合这三种解释可以分析得出为什么 8 月份的总骑行里程数多，这其中有偶然的成分，比如恰好骑行里程超过 6km 的极端值出现次数多，也有跟季节气候状况的因素，8 月份的气候状况对人们出门骑车的积极性有一定的影响，综合使得 8 月份骑行总里程最多。

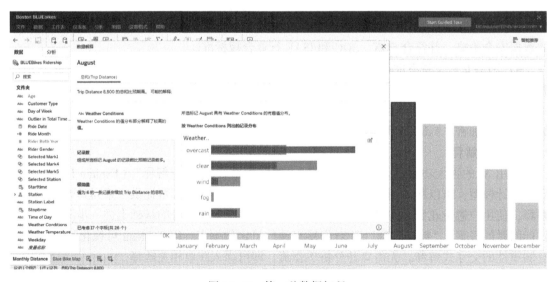

图 14-55   第一种数据解释

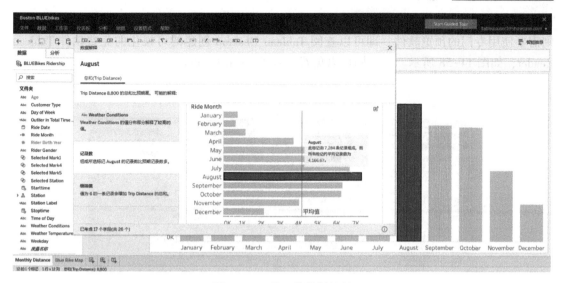

图 14-56　第二种数据解释

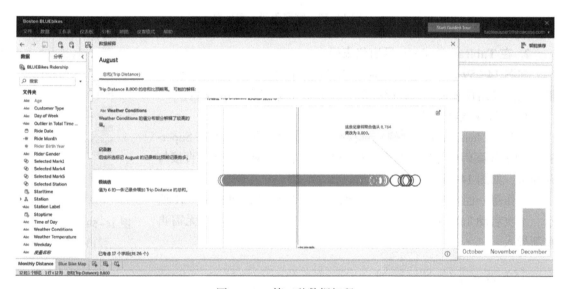

图 14-57　第三种数据解释

Tableau Server 数据存放部署灵活，无论是将数据存放在本地还是云端，Tableau Server 都能让您灵活集成到现有的数据基础架构中。在本地的 Windows 或 Linux 系统上安装 Tableau Server，可在防火墙保护下实现终极控制。在 AWS、Azure 或 Google Cloud Platform 上进行公有云部署，从而利用现有云端投资，在本节中只介绍了在 Windows 本地安装，在 AWS、Azure 等云服务上进行云部署或在 Linux 系统上安装等更多内容可以参照 Tableau 官网对 Server 的支持。

14.2.3　Tableau Reader 的使用

本节介绍 Tableau Reader 及其使用方法。

1. 软件简介

在 Tableau Desktop 软件中创建的仪表板可以导出为 twbx 格式的文件，创建者可以在

Tableau Desktop 软件进行修改。如果不是创建者而是其他用户要查看而不修改仪表板的话，则需要使用专门的预览软件，即可以查阅 Tableau Desktop 创建的可视化的免费软件 Tableau Reader，如图 14-58 所示。在官网可以免费下载 Tableau Reader。

图 14-58　官网免费下载页面

图 14-59　仪表板导出界面

2. 在 Tableau Desktop 导出仪表板

如图 14-59 所示，在 Tableau Desktop 界面右键单击选中仪表板，选择导出仪表板，选择路径后，仪表板将保存为 twbx 文件。

3. 打开仪表板文件

打开 Tableau Reader 软件，选择打开工作簿，选中之前在 Super-Store 数据集案例中导出的东部地区利润仪表板的 twbx 文件，直接打开即可，如图 14-60 所示。

工作簿一经打开，就会在主界面留下历史记录，如图 14-61 所示，下次启动 Tableau Reader 时就可以直接在主界面打开而无需再重新导入。

图 14-60　Tableau Reader 打开界面

图 14-61　工作簿打开的历史记录

如图 14-62 和图 14-63 所示，打开仪表板会同时导入生成的仪表板和创建仪表板所用的工作簿，导入的工作表与仪表板不能在 Tableau Desktop 软件中进行编辑，但是之前创建工作表时加入的筛选器和图示均有保留，同时 Tableau Reader 也支持与仪表板进行交互，就像在图 14-38 和图 14-39 一样设置过筛选器后，单击地图区域实现交互右边的条形图也会相应变化，如图 14-64 所示。

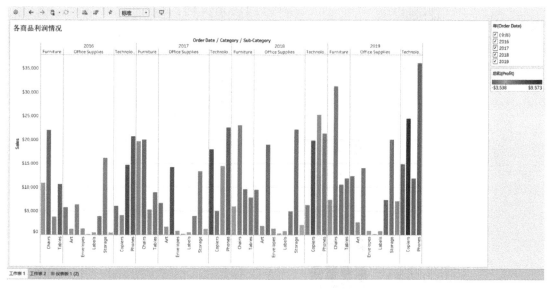

图 14-62　导入仪表板同时导入的工作簿

当然 Tableau Reader 软件也支持打开单个工作表或者创建的故事，如图 14-65 所示，导入故事时同样导入创建故事时所使用的工作表和仪表板。除了不能进行编辑以外，都保留了 Tableau Desktop 具有的交互功能。

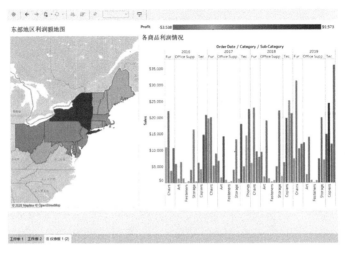

图 14-63　导入 Tableau Reader 的仪表板

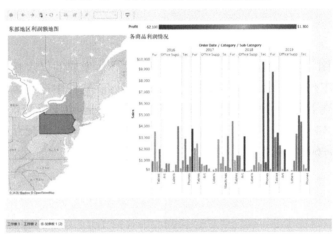

图 14-64　仪表板支持的交互功能

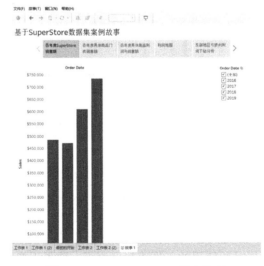

图 14-65　Tableau Reader 导入故事

参 考 文 献

［1］SHARDA R，DELEN D，TURBAN E. Business Intelligence and Analytics：Systems for Decision Support ［M］.
10th ed. London：Pearson Education Limited，2014.

［2］姜枫，许桂秋. 大数据可视化技术 ［M］. 北京：人民邮电出版社，2019.

［3］王珊珊，梁同乐，马梦成，等. 大数据可视化 ［M］. 北京：清华大学出版社，2021.

［4］吕波. 大数据可视化技术 ［M］. 北京：机械工业出版社，2021.